教育部人文社科项目研究成果

基于博弈论和复杂适应性系统视角的中国林业碳汇价值实现机制研究

余光英 著

图书在版编目(CIP)数据

基于博弈论和复杂适应性系统视角的中国林业碳汇价值实现机制研究/余光英著.—武汉：武汉大学出版社,2017.6
ISBN 978-7-307-19418-2

Ⅰ.基…　Ⅱ.余…　Ⅲ.森林—二氧化碳—资源利用—研究—中国
Ⅳ.S718.5

中国版本图书馆 CIP 数据核字(2017)第 143240 号

责任编辑:陈　红　　责任校对:汪欣怡　　版式设计:马　佳

出版发行：**武汉大学出版社**　(430072　武昌　珞珈山)
(电子邮件：cbs22@whu.edu.cn　网址：www.wdp.com.cn)
印刷:虎彩印艺股份有限公司
开本:720×1000　1/16　印张:14　字数:195 千字　插页:1
版次:2017 年 6 月第 1 版　2017 年 6 月第 1 次印刷
ISBN 978-7-307-19418-2　定价:35.00 元

前　言

气候问题与环境问题是全球共同关注的问题，林业在全球很多国家属于弱势产业，林业碳汇的发展不仅有助于我国减缓与适应气候变化，还有利于为我国林业的发展提供一种新的融资平台或渠道。林业碳汇的发展是建立在林业碳汇价值实现的基础之上的，虽然从《京都议定书》正式生效以来，林业碳汇的价值实现机制从国外到国内有不同程度的发展，但在发展的过程中遇到的技术难题和制度难题还有待解决，否则林业碳汇的价值实现很难实现或者说很难持续实现。

本书从复杂适应性系统的视角，采用演化博弈、微分博弈、比较分析、仿真等方法研究中国林业碳汇价值实现机制的状况、存在的问题，探索解决之道。本书主要解决了4大问题，一是林业碳汇价值实现机制的状况分析。林业碳汇市场总的情况是自愿市场占主导，近几年发展状况较好，成交量和成交价格均有回升，但碳汇在减缓与适应中占的比例非常有限；中国林业碳汇市场发展尚属于探索的早期，发展中存在资金来源渠道单一，林业碳汇供需不畅，技术难点有待突破等问题。二是复杂适应系统的构成要素或行为主体分析。林业碳汇价值实现机制是复杂适应性系统，该系统主要有5个基本的行为主体，即供给主体、需求主体、监管主体、技术支撑系统主体(第三方机构主体)及交易平台主体；这5个主体相互联系、相互影响并涌现出新的系统主体，即需求系统、供给系统、交易平台系统；所有这些系统最后形成价值实现机制的大系统；中国林业碳汇价值实现机制有3个由低到高的层次。三是林业碳汇价值实现机制的相关子系统的博弈分析。笔者对国际碳排放系统、国内需求系统、国内供给系统建立演化博弈模型，经过分析得出：发达国家的“自下而上”“自主贡献”决定减排的额度以及措施，发展中国家根据国情决定减排的具体事项是期望的稳定均衡，这和目前的现实较为吻合；中国采用“非抵消机制+抵消机制”促进碳汇需求的机制以及“统一的技术支撑体系+保险机制”促进碳汇供给的机制，这是稳定均衡的一种状态。通过对省区林业碳汇收益最大化的目标，采用合作及非合作随机微分博弈模型分析得出，非合作即不存在“搭便车”行为能有效促进林业碳汇存量的增加；然后采用合作随机微分博弈模型分析了林业收益最大化目标及减缓和适应效益最大化目标时的博弈情况；综合各种目标下的博弈分析，笔者认为除了时间 t 和随机影响因素 σ 对各种情况下碳汇存量的影响相同外，其他的因素因环境不同所起的作用不尽相同；因此建议为了促进国内林业碳汇的发展，应该对林业碳汇交易进行长期规划、短期执行，要立足当前采取措施，要提高管理能力、做好风险防范，要建立全国统一碳市场。四是将林业碳汇价值实现机制作为一个整体系统进行博弈分析。笔者对“市场机制”及“市场机制+公共财政机制”两种碳汇价值实现机制进行比较，认为“市场机制+公共财政机制”更有利于碳汇价值的持续实现；因此应该在建立全国碳市场的情况下，政府也应该在碳市场中有所作为。

本书是教育部人文社科课题研究报告的成果，感谢教育部对于课题的支持，使得笔者能有较充足的经费进行研究工作；本书得以完成须感谢课题参与者的积极配合，特别感谢参与者员开奇在课题期间所做的大量工作；本书的出版得到了武汉学院博士科研经费的资助以及武汉学院和会计及金融学院领导的关心与帮助，深表谢意；感谢武汉大学出版社对本书出版给予的支持；本书写作过程中参考了大量的文献资料，在此对相关作者一并表示感谢。

尽管笔者力求写作的严谨与细致，但由于知识有限、研究水平和能力有限，书中难免有错漏，恳请专家、学者以及广大读者不吝赐教。

武汉学院　余光英

2017年3月

目　　录

1　绪论 …………………………………………………………… 1

1.1　问题的提出及研究意义 ………………………………………… 1

1.2　界定相关概念 …………………………………………………… 5

1.3　研究对象、目标及内容…………………………………………… 10

1.4　研究的方法及技术路线…………………………………………… 12

1.5　创新及不足………………………………………………………… 14

2　基于博弈视角的中国林业碳汇价值实现的机制：研究综述及分析框架 ……………………………………………………… 16

2.1　研究综述…………………………………………………………… 16

2.2　分析框架…………………………………………………………… 24

3　林业碳汇价值实现机制的状况分析 ……………………………… 34

3.1　机制分类…………………………………………………………… 34

3.2　国外………………………………………………………………… 36

3.3　中国………………………………………………………………… 58

3.4　比较分析评价……………………………………………………… 68

4　复杂适应性系统视角下的中国林业碳汇价值实现机制的构成要素分析 ………………………………………………………… 73

4.1　林业碳汇价值实现的机制是一个复杂适应性系统………… 73

4.2　林业碳汇价值实现机制系统的适应性主体及其行为特征分析 …… 84
4.3　林业碳汇价值实现机制的层次分析 …… 93

5　中国林业碳汇价值实现机制的演化博弈分析——复杂适应性系统发展过程分析 …… 99
5.1　引言 …… 99
5.2　模型假设 …… 101
5.3　演化博弈模型的构造 …… 108
5.4　模型求解 …… 114
5.5　结论及政策建议 …… 122

6　中国林业碳汇价值实现机制的微分博弈分析——复杂适应性系统控制优化目标分析 …… 127
6.1　引言 …… 127
6.2　模型假设 …… 129
6.3　微分博弈模型的构造 …… 136
6.4　微分博弈的解 …… 137
6.5　数值仿真分析 …… 140
6.6　结论及政策建议 …… 162

7　基于博弈进化仿真模型的中国林业碳汇价值实现的机制设计 …… 166
7.1　引言 …… 166
7.2　模型假设 …… 168
7.3　进化博弈模型的构造及求解 …… 171
7.4　数值仿真分析 …… 174
7.5　结论及政策建议 …… 185

8 结论及政策建议 ······ 188
8.1 结论 ······ 188
8.2 政策建议 ······ 189

参考文献 ······ 204

1 绪　论

1.1 问题的提出及研究意义

1.1.1 问题提出

全球极端天气日益频繁，应对气候变化问题迫在眉睫。石油危机、能源大战在全球从未停止过，两个紧迫而尖锐的问题搅缠在一起催生了新的问题，发展低碳经济便是解决问题的一种方式，低碳经济应运而生成为世界性的话题之一。低碳经济的发展模式需要以低碳能源来发展经济，低碳经济的发展需要政策支持以及低碳技术的创新来推进，低碳经济的发展既是一场能源革命，也是一场保护环境的变革。目前中国正在努力探索走“低碳经济”的发展之路，在宏观层面国家主要有三个倡导：倡导积极采取措施探索经济增长模式的转变来保证我国的社会经济发展目标以及减少温室气体的排放，同时倡导采用绿色健康的消费模式以减少温室气体的排放；倡导采取措施提高能源利用效率、优化能源结构以减少碳排放，即在能源结构中要扩大可再生能源以及先进核能的能源占比，对传统煤炭要提高其利用技术减少排放到空气中的温室气体；倡导采取措施逐步建立起减缓与适应气候变化的体制和机制。因为低碳经济通俗地说是少或低排放碳的经济，所以节约能源、提高能效是低碳经济发展的一种模式，那么以林业来吸收排放的温室气体也是低碳经济的一种模式，因此发展碳汇林业是低碳经济的重要内容之一。

国家倡导发展林业碳汇，在一系列的文件中有所体现。例如《中共中央国务院关于2009年促进农业稳定发展农民持续增收的若干意见》中提到要“建设现代林业，发展山区林特产品、生态旅游业和碳汇林业”。

我国“十二五”规划将发展森林碳汇、加快建立生态补偿机制作为一个重要内容。“十二五”规划提出“综合运用调整产业结构和能源结构、节约能源和提高能效、增加森林碳汇等多种手段，大幅度降低能源消耗强度和CO_2排放强度，有效控制温室气体排放”。“十二五”规划提出建设生态补偿机制的建议，提出该机制应遵循谁开发谁保护的原则以及谁受益谁补偿的原则进行快速推进；提出要积极探索通过建立国家生态补偿专项资金的方式来对重点生态功能区进行转移性支付。

“十三五”规划将“生产方式和生活方式绿色，低碳水平上升”作为主要目标之一。“十三五”提出对于稀缺资源的使用要建立初始分配制度以及二级市场交易制度，初始分配制度是指对能源的使用权、水的使用权、排放污染的权利、碳排放的权利拥有的初次分配，二级市场是对初始分配的完善，为那些初始分配后没有消费完的或者有消费赤字的单位提供一个资源协调平台。“十三五”规划将林业的发展作为一个重要内容。规划提出要增加森林面积和蓄积量，对于如何增加提出了相应的倡导：即对于国土绿化行动要大规模开展，对于林业重点工程要加强建设，对于天然林保护制度要不断完善，对于天然林的商业性采伐要全面停止；提出要通过林业产权模式的创新，为植树造林资金投入提供多种渠道和方式。碳汇林业是林业的组成部分之一，碳汇价值的实现是为植树造林等林业活动进行投融资的一种渠道或方式。

随着政策的推进，2008年7月16日，国家发改委决定成立碳交易所。历经3年左右的探索，我国的碳排放交易开始在2011年进行试点。经过试点地区不断地总结和摸索，我国全国碳排放交易体系拟于2017年启动，这是在2015年12月的联合国气候大会即将召开之前明确提出来的，届时将覆盖 1 万家企业，覆盖 31 个省市区的 6 个工业部门(电力、钢铁、水泥、化工、有色、石化)，并将覆盖每年约 40 亿～45 亿吨的碳排放，占全国碳排放量的近 50%，中国的碳市场将成为全世界最大的碳交易市场之一。林业碳汇价值实现面临一个好的平台。

1.1.2 研究意义

基于全球适应与减缓气候变化，以及国内倡导低碳经济以及节能减排的实施，研究林业碳汇的价值实现机制有重要的现实意义。其一，是减缓与适应气候变化的一种手段，减缓与适应气候变化的主要手段之一是减少 CO_2等温室气体的排放。尽管在《京都议定书》第一承诺期内中国不用承担强制性的减排义务，但随着发展中国家经济的进一步发展以及温室气体排放量的与日俱增，面临强制减排的压力越来越大，期限越来越临近，特别是中国、印度、巴西等发展中国家。由于我国是 CO_2排放大国，受到发达国家特别是美国施压的频率最高，减排是我国迟早要做的事。实际上，结合国际国内情况，中国政府针对应对气候变化的问题一直在采取措施，我们有比较明确的控制温室气体排放的目标，我国的行动目标是：到 2020 年我国单位 GDP 的 CO_2排放在 2005 年的基础上下降 40%～45%，这是 2009 年 11 月提出的。减少或降低向大气中排放 CO_2与将空气中的 CO_2进行吸收都可以降低 CO_2的浓度，前一种是减排，后一种是增汇。林业碳汇就是一种增汇方式，因此林业碳汇价值实现的机制是进行减缓与适应气候变化的一种手段。其二，为林业的可持续发展提供了一种途径。在我国林业的发展过程中一直存在着资金总量不足、渠道单一的问题。我国林业发展的资金主要以国家投入为主，国家设立了专项生态补贴资金进行补贴，但补偿的范围主要是全国 11 个省的试点生态公益林等特定的区域或范围，补助的范围过窄，另外生态补偿标准偏低，并且各地的标准不统一。这些问题长期存在，使得生态公益林的经营成本难以得到有效的补偿，严重影响了林业的发展。如果在林业的发展中能够有效吸引社会资金，会有助于减少林业发展过程中的资金不足问题。林业碳汇的价值实现是有效地吸引社会资金进入的一种平台或者渠道。林业碳汇的价值很高，根据中国社科院侯元兆、李中魁等教授多年的实地观测数据可以得出该结论。他们的观测是以海南省的森林作为样本，观测时间长达4年，观测及价值核算的数据是：海南省的森林总价值达到18950.99亿元，其中10159.87亿元为森林固碳和制氧的价值，占森林总价值的53.6%，而木材价值、林果产出以及非木材林产品合计价值为1110.09亿元。可见，如果碳汇林业的价值能够充分实现，将对我国林业的发展提供不可小觑的资金。

从理论上讲，本项目的研究意义主要表现在：其一，对复杂性系统的机制设计理论的运用研究进行了一定的探索。机制设计的思想源于计划与市场的大论战，该论战从20世纪20年代持续到20世纪40年代，是在以米塞斯(L. Mises)和哈耶克(F. Hayek)为代表的新自由主义学派与以兰格(O. Lange)和勒纳(A. Lerner)为代表的新古典学派之间展开的。这场旷日持久的大论战围绕社会主义国家中经济核算等机制展开，随着论战的不断深入，机制设计理论得到进一步发展，被很多经济学家不断关注、持续研究。目前，该理论成为现代经济学研究的核心主题之一。在进行该理论的运用时，一般是以简单系统为背景进行的，但是经济、管理系统不是一个简单的系统，而是一个复杂适应性系统，在这个复杂适应性系统中，参与主体的行为不再满足叠加原理。本项目将林业碳汇的价值实现机制视为一个复杂适应性系统，对这种复杂系统的机制设计进行了一定的探索。其二，为博弈论与复杂适应性系统相结合的分析方法的运用增添新的素材。基于复杂适应性系统理论的演化博弈仿真研究是揭示经济系统复杂性规律的重要手段之一。对于复杂适应性系统理论仿真研究的代表性成果主要有ASPEN及其系列模型、Santa Fe人工股票市场、ACE劳动力市场模型、多主体市场结构演化模型、多主体财富分配模型等。在这些模型的研究中，微观主体的学习、思维能力是仿真系统能否真实地再现现实生活中微观个体行为的重要基础，是复杂适应性系统进化的基本动力。这种学习、思维能力的算法主要包括增强学习算法、博弈演化、人工神经网络以及遗传算法等。这种学习能力的获得，对于林业碳汇的各个主体而言，就是一个不断的博弈过程。将博弈论与复杂适应性系统相结合的分析方法用于林业碳汇的实现机制研究，目前还很少，本研究增添了复杂适应性系统研究的素材。

1.2 界定相关概念

1.2.1 碳汇与碳源、林业碳汇、碳汇林业项目及林业碳市场

碳源与碳汇是一组相对的概念。按照《联合国气候变化框架公约》对碳汇的界定，只要标的物的活动或机制是把 CO_2 从大气中清除的过程、活动，那么该标的物便具有碳汇功能；如果标的物的活动或机制是把 CO_2 排放在大气中的过程、活动，那么该标的物就具有"碳源"功能。

林业碳汇是指林业把 CO_2 从大气中清除的过程、活动或机制。林业碳汇的种类很多，森林碳汇便是其中的一种。森林当之无愧的是生态系统的主体，拥有的生物量巨大，这些生物量储藏着巨大的碳量，并且森林土地也储藏着巨大的碳量。国际气候变化委员会(IPCC)估计，森林植被占用土地面积为全球的27.16%，但是其植被的碳储量却占全球的77%，这是从全球植被碳储量而言的。另外森林土壤也储碳，其储碳量占全球的39%。所以森林植被与森林土壤碳储量相对于森林植被占地面积而言是非常大的。由于森林生态系统巨大的碳库作用，所以森林面积的增减都将对大气 CO_2 浓度变化产生重要影响。

林业碳汇项目是指以林业碳汇生产为主要目的同时兼顾生物多样性等生态目标的林业生产或经营或管理项目。按照是否属于《京都议定书》框架，有"京都规则"和"非京都规则"的碳汇项目之分。如果林业碳汇项目的实施是按照《京都议定书》框架下的清洁发展机制(CDM)要求

而展开的，那么就是“京都规则”的林业碳汇项目。《京都议定书》规则对林业碳汇项目的相关要求体现在造林地的时间要求，要求若造林项目是在无林地上新造林，则至少是50年以上的无林地，或者是1989年12月31日起到项目实施日无森林的无林地，并且有其他的规定，即要满足额外性等其他要求的项目。“非京都规则”的碳汇项目是指具有吸收CO_2的作用，不受《京都议定书》规则限制的造林、再造林、森林保护和森林管理项目。“非京都规则”的碳汇项目的碳汇有的可以在自愿市场进行交易，还有的不具有交易的特征，主要是一些民间志愿造林项目。具体分类如图1-1所示。

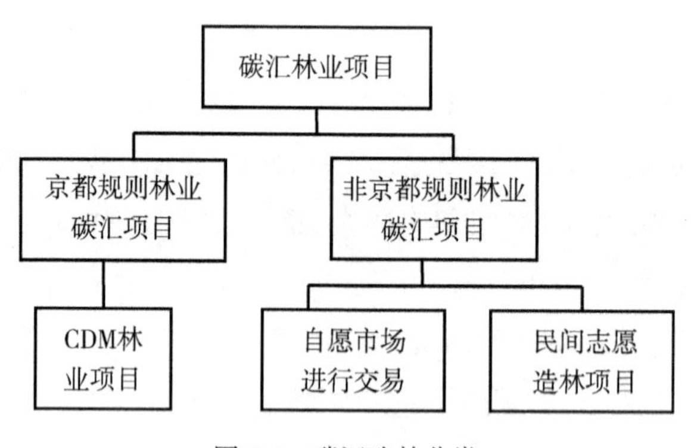

图1-1　碳汇造林分类

碳汇林业是林业碳汇项目的集合，所以碳汇林业不仅有京都规则下的碳汇林业，也有非京都规则下的碳汇林业。碳汇林业主要是指以应对气候变化为主的林业。碳汇林业不同于一般的林业，主要是以固碳为主，并且固碳的价值是可以实现的，一般的林业可以是以木材价值为主或者以林果产品为主等，这是一般农业或者传统农业与碳汇林业的区别。发展碳汇林业的主要目的是以固碳为主，同时还兼具林业的其他功能，以及注意生物的多样性等功能。

碳市场也叫碳权市场，是碳权的需求方和供给方进行交易经核证的碳权的市场。碳权的取得需要通过相关机构和程序进行核证，《京都议定书》对如何核证碳权或碳信用有相关的规则要求，各国在《京都议定书》规则的基础上制定适合本国国情的定义碳权的规则制度。碳权的买卖可以通过碳权交易所进行，也可以不通过，京都规则机制下的发展中国家与发达国家的林业碳汇的交易有些是没有通过碳交易所完成的。如果在碳市场中进行交易的客体，来自于工业节能等产生的 CO_2，则是工业碳排放权交易；如果在碳市场中进行交易的客体来自林业所吸收的 CO_2，则是林业碳汇的碳权交易。无论交易来自工业减排还是林业固碳，或是其他的碳权，均是碳交易的客体，其中把进行林业碳汇交易的市场叫林业碳汇市场。

林业碳汇、林业碳汇项目、林业碳碳汇市场以及碳汇林业之间是相辅相成的，是同属于一个系统的不同层面的问题。其中碳汇林业是一个实体性的载体，没有碳汇林业便没有林业碳汇以及林业碳汇市场等。碳汇林业的基础是林业碳汇项目，是林业碳汇项目的集合。林业碳汇是碳汇林业的产品或林业碳汇项目的产品。林业碳汇市场是进行林业碳汇交易的市场。另外林业碳汇市场是一个引擎，没有林业碳汇市场的平台，不会催生出林业碳汇项目，不会有被核证的林业碳汇出现，不会有碳汇林业的称谓。林业碳汇市场的运行状况直接影响到林业碳汇项目以及碳汇林业的发展，它们之间的关系如图 1-2 所示。

1.2.2 机制、价值实现机制

机制起初的含义是指机器的构造和工作原理，后来机制的含义已从这个研究客体扩展开去，扩大到物理、化学领域，把物理化学中的规律称为机制；再后来机制的研究客体已经把生物学、医学等纳入进来，将有机体的构造、内在工作方式以及功能统称为机制；如今的机制研究的课题不仅是无机界、有机体，还有社会、经济管理等人类活动领域，因此也就诞生了经济机制、管理机制等概念。有学者认为经济管理领域内的机制是引导经济管理系统协调发展的规则以及系统内部组织的相互作

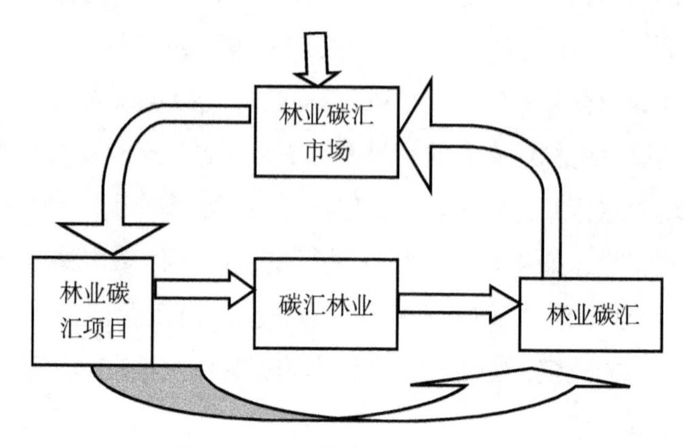

图 1-2 碳汇林业相关概念关系

用，该规则是按照经济管理系统的行为主体管理工作的特征、性质以及规律等而制定出来的(马维野、池玲燕，1995)。本研究认为定义经济管理中的机制要将机制的渊源与经济管理领域本身的特征相结合来进行，将经济管理机制定义为人类在一定的规则或制度下的行动方式的系统，是人类行动与规则制度的有机结合。

制度有广义和狭义之分。从广义而言制度就是人际交往中的规则及社会组织的结构和机制，从狭义上讲制度就是规则。广义上的制度与机制就有重合了，机制是制度的子概念(North，1990)，那么法律条文是广义上的制度吗？非正式规范是广义上的制度吗？合同呢？这些都与广义上的制度有关联，但不等于广义上的制度。广义上的制度是博弈的主体在法律条文、非正式规范、合同等一些共同信息下为了自我维系而进行博弈的系统。为了分析的方便或者习惯的共识，本研究中的制度是狭义的制度，即制度静态的一面，主要指相关规则及相应的组织结构。另外，按照创造制度主体的不同，可以分为正式制度和非正式制度。如果制度是由国家、部门、组织及机构等有意识地创造出来的，便称这种制度为正式制度。正式制度主要是由一系列的政策法规以及体系构成，包括政治规则、经济规则和契约以及由这些规则构成的体系。把那些在长期的社会交往中形成的，并得到社会认可的约定俗成的规则称为非正式制度，比如某地方的风俗习惯、某地区普遍的意识形态及价值信念、经历漫长历史形成的伦理道德以及某地区的文化传统等便是典型的非正式制度。本项目中研究的制度主要是指正式制度。综合而言，本项目研究的主要是狭义制度下的正式制度，但并没有否认非正式制度及广义的制度。

根据上面的界定，制度是机制运行的规则，机制运行还依赖于经济管理领域的行为主体的行为意识。可以说制度是机制运作的外在力量或外在条件，没有制度，机制的运转就没有约束而混乱。经济管理领域行为主体的行为意识是机制运转的动力，比如理性或者有限理性的行为意识等，没有这种动力，静态的规则就是规则而不能成为机制。行为意识和规则制度相互影响相互制约，行为意识最终能让好的制度规则发挥好的效益，让不好的制度规则不能发挥出应有的效益，从而促进其改善，另外规则制度约束着经济管理主体的行为。

根据上面机制的定义，可以这样来理解林业碳汇的价值实现机制：林业碳汇价值实现机制是关于发展林业碳汇的一系列规则制度以及在该规则制度下林业碳汇的相关行为主体，包括供给方、需求方、其他主体行动方式的集合系统，这些规则制度是林业碳汇的相关部门或利益关系人制定的，该机制的行为主体主要有国际组织、国家、企业等。一般价值实现的机制要么是市场机制，要么是公共财政机制，要么是市场机制与公共财政机制的结合——生态补偿机制。市场机制是通过市场来实现价值的机制，市场机制的构成要素主要有市场价格、供求双方等，市场供求双方通过市场价格来实现对利益的追求，通过市场价格来调节供求双方的行为，同时供求双方的行为又影响市场价格，价格机制或者竞争机制是市场机制的核心。公共财政机制实现价值主要是运用行政力量来提供资金，具体是指有些公共物品因为市场失灵的原因使得社会供给不足，为了增加这部分公共物品或服务以满足社会公众需求，国家或者各级政府部门将社会资源的一部分集中起来投资于这些公共物品及服务的经济行为。公共财政是在市场经济条件下比较普遍的一种财政模式，该种财政模式主要由政府提供资金来支持公共物品的供给，在市场失灵的领域中发挥作用。生态补偿机制是一种关于生态调整、生态环境保护和建设相关的环境经济政策体系。生态补偿是对生态服务提供的价值补贴或者根据生态保护成本给予补贴。生态补偿机制是一种遵循“污染者付费”、“受益者付费和破坏者付费”的机制，但是像生态保护、环境污染防治等领域在实际中通过市场很难完全做到“污染者付费”或者“受益者付费”，因此行政力量的介入也是必要的。

1.3 研究对象、目标及内容

1.3.1 研究对象

本项目的研究对象是林业碳汇的价值实现机制，这种价值实现机制是一种集合，无论是京都机制下的林业碳汇还是非京都机制下的林业碳汇，均将其价值实现机制作为一个系统，作为一个集合来研究。

1.3.2 研究目标

基于博弈进化仿真模型的中国林业碳汇价值实现的机制设计是研究总目标。围绕总目标，共研究了4个分目标：一是分析国内外林业碳汇价值实现的机制状况及存在的问题；二是复杂适应系统视角下的中国林业碳汇价值实现机制的构成要素分析或行为主体分析；三是基于演化博弈的中国林业碳汇价值实现机制的复杂适应性系统发展过程分析；四是基于微分博弈的中国林业碳汇价值实现机制的复杂应适性系统控制优化目标分析。

1.3.3 研究内容

基于博弈论和复杂适应性系统视角的中国林业碳汇价值实现机制研究的内容概括而言有4大部分：机制的现状与问题；将林业碳汇价值实现机制作为一个复杂适应性系统作博弈分析；基于博弈进化仿真模型的中国林业碳汇价值实现的机制设计研究；结论及政策建议。其中，将林业碳汇价值实现机制作为一个复杂适应性系统作博弈分析分为3个小部分，所以，具体主要研究了6个内容。

其一是林业碳汇价值实现的机制现状及评价。本书将林业碳汇价值实现机制的现状作为一个研究的背景及出发点来进行分析评价，内容包括：国外现状，国内现状，比较评价。

其二是复杂适应性系统视角下的中国林业碳汇价值实现机制的构成要素分析。中国林业碳汇价值实现机制具有复杂适应系统的特征，本书分析了这个系统的构成要素(主体)，为后续研究做铺垫。该部分内容包括：相关要素或主体的构成，系统各要素或主体行为特征分析，要素或主体的整合系统。

其三是中国林业碳汇价值实现机制的演化博弈分析——复杂应适性系统发展过程分析。博弈是洞察复杂应适性系统个体行为规律和分析经济现象背后机制形成的有力工具，该部分用随机稳定策略的演化博弈方法分析林业碳汇价值实现机制系统的发展过程。该部分内容结构为：模型假设，演化博弈模型的构造，模型求解，结论及政策建议。

其四是中国林业碳汇价值实现机制的微分博弈分析——复杂适应性系统控制优化目标分析。本部分采用微分博弈来研究中国林业碳汇价值实现机制系统的控制优化目标，以更好地控制优化复杂适应性系统。该部分内容结构为：模型假设，微分博弈模型的构造，模型求解，结论及政策建议。

其五是基于博弈进化仿真模型的中国林业碳汇价值实现的机制设

计。本书以演化博弈为系统发展过程、以微分博弈来进行系统的控制优化，构造以适应性交互主体为基础的仿真模型来设计多种制度下的中国林业碳汇价值实现机制，然后比较、选择合适的机制。该部分内容结构为：模型假设，博弈进化仿真模型的构造，模型求解，数值仿真，结论及政策建议。

其六是基于博弈论和复杂应适性系统的中国林业碳汇价值实现机制的政策建议。本部分将在总结本项目研究的整体基础上，把林业碳汇在国际、国家、产业、企业层面上的发展情况进行综合考虑，从战略战术上提出实现林业碳汇价值实现机制的建议。

1.4 研究的方法及技术路线

1.4.1 研究思路与研究方法

本书的研究思路是：首先对林业碳汇价值的实现机制状况进行分析与评价，指出存在问题的原因；然后将林业碳汇的价值实现机制作为一个复杂适应性系统进行分析，在具体地进行复杂适应性系统分析的时候，主要采用了博弈分析的方法。所以，本书是在复杂适应性系统视角下，对林业碳汇价值实现机制系统进行博弈分析。

本书利用博弈论、林业经济学、新制度经济学、运筹学、管理学以及计量经济学等学科知识，采用博弈分析的方法、比较分析的方法以及计算机仿真等研究方法在复杂适应性系统以及博弈理论的视角下研究中国林业碳汇价值实现的机制问题。

微分博弈：把林业碳汇价值实现机制系统中的主体之间的行为建立在微分博弈的基础上，然后求解达到系统目标最优的博弈均衡。

演化博弈：林业碳汇价值实现机制系统发展过程是系统主体演化博弈相互作用的过程，按照演化博弈理论的要求，建立目标函数与约束函数，求取博弈均衡。

演化博弈仿真模型：以演化博弈作为系统主体的学习能力，构造以适应性交互主体为基础的仿真模型来设计中国林业碳汇价值的实现机制，进行计算机仿真。

1.4.2 技术路线图

本书的研究方法及研究内容相结合的逻辑思路，具体见技术路线图（见图 1-3）。

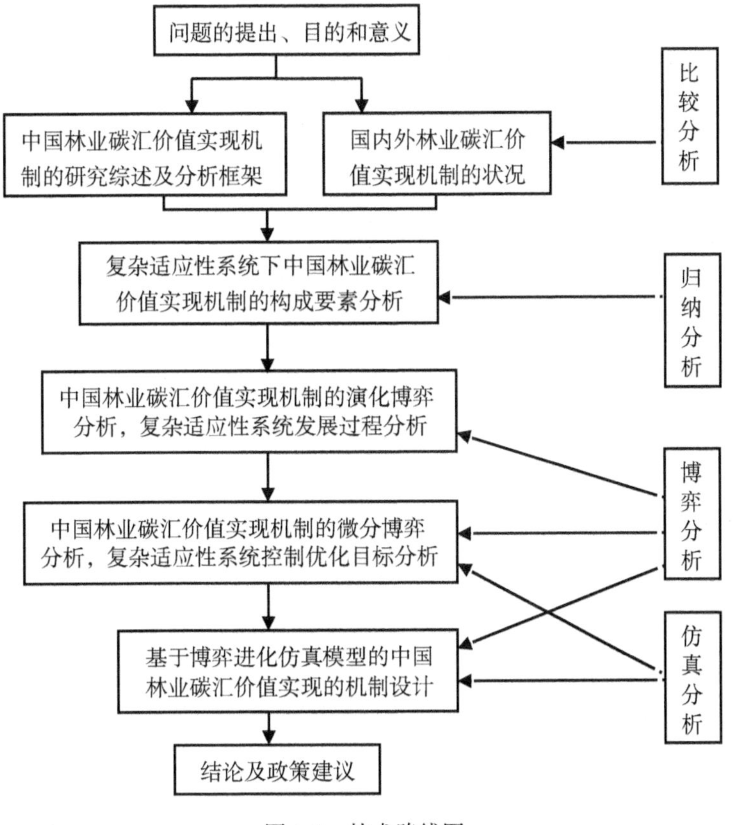

图 1-3 技术路线图

1.5　创新及不足

1.5.1　本书的创新

林业碳汇的价值实现与社会、经济、环境以及政治的发展相联系的，林业碳汇的价值实现机制是各个国家之间以及国家内部在反复平衡环境、经济等发展状况的情况下所创造出来的。本书在借鉴前人研究的成果上，在以下 3 个方面有所创新。

其一，研究视角的有机结合。关于林业碳汇的研究比较多，关于博弈论的研究比较多，关于复杂适应性系统研究也比较多，但是将三者有机结合的研究并不多，所以从研究的视角看，本书可能是一个创新。

其二，林业碳汇价值实现机制的突破。市场机制是碳汇林业实现价值目前较普遍的做法，但该机制是否会促进碳汇林业价值的实现，以及在多长时间、多大程度上实现，现有的文献几乎都围绕着市场机制本身寻找解决方法。本书在寻找市场机制本身的问题解决的同时，寻找其他的机制来共同实现林业碳汇价值的实现，这可能是一个突破。

其三，在林业碳汇造林的规划以及碳排放权的分配上将土地的碳排放指标纳入。本书认为在林业碳汇造林等规划的时候应该考虑生态林、经济林及碳汇林的权衡问题，减排与碳汇的平衡等问题，以及碳汇林与其他产业的用地平衡等问题；在碳排放权的分配上应该考虑土地的碳排放情况，各产业的碳排放情况及用地情况等，这可能是一个创新。

1.5.2　不足

博弈理论博大精深，涉及数学学科等基础知识以及在经济管理中的运用知识；复杂适应性系统理论体系丰富而深厚；林业碳汇的价值实现机制涉及众多因素；本书结合三者进行研究，仅是浅尝辄止，存在着多方面的不足或考虑不周的地方，主要体现在以下几个方面。

一是在林业碳汇的价值实现机制中分析的案例数量有限，案例资料内容可能不全面。

二是模型的假设与现实不尽相符，可能过于简单，如假定减排与碳汇的总存量越大，碳汇的存量便越大等。

三是演化博弈的学习机制以及复制动态模型是否与现实相符，不能证明，只是定性的判断。

四是整体大系统的演化博弈、子系统的演化博弈，需要数据来仿真时，没有获得真实的数据，只是根据现象假设的数据。

五是在演化博弈中，博弈主体在各种策略下的收益只是定性的比较，没有定量的数据考察。

2 基于博弈视角的中国林业碳汇价值实现的机制:研究综述及分析框架

2.1 研究综述

2.1.1 林业碳汇

关于林业碳汇的研究内容很丰富，有研究林业碳汇功能的，有研究林业的储碳能力的，有研究林业碳汇测量方法技术的，有研究林业碳汇项目的可行性问题以及运营程序等问题的。对于林业碳汇的功能有两种研究结果：其一，森林具有稳定乃至降低大气温室气体的作用，是一个巨大的碳库，这种碳库的作用是不可替代的。例如沈志军(2010)在对碳汇功能的探究中同意此观点，王琳飞(2010)等在研究国际碳汇市场中也提到林业的碳汇功能，陈伟(2014)等的研究也对林业的碳汇功能持赞同态度。其二，林业碳汇的发展可以促进林业可持续发展。余光英(2010)在对林业碳汇的研究中认为碳汇林业可以为林业的可持续发展提供融资的渠道，李怒云、龚亚珍、章升东(2006)等对林业碳汇的三重功能进行了探究，认为林业具有碳汇功能以及促进林业可持续发展的推动作用。

对于林业碳汇的储碳能力的研究主要集中在林业究竟是否具有储碳

的能力以及不同种类的林业碳汇能力的比较。这种固碳比较主要集中在两个方面，一方面是关于成熟林与非成熟林的比较。在这方面的比较结果并不统一，一类观点认为成熟林可以持续固碳，如周国逸(2006)认为是这样的，他的结论是根据其25年的观测数据的分析而得到的，这25年间他持续对鼎湖山国家自然保护内的成熟森林的碳储量进行了观测。另一类观点认为成熟森林储碳能力较弱，甚至接近零，非成熟林的储碳能力很强，这个观点是经典生态学家的观点。另一方面的固碳能力的比较是关于人工林和天然林的比较，在这方面比较普遍的观点是人工林的碳汇能力受经营管理水平的影响，随经营管理水平的提高而提高，所以人工林成为适应气候变化减排的核心内容的可能性很大。冯瑞芳、杨万勤、张健(2007)等都赞同此观点。

关于碳汇测量的研究主要是关于林业碳汇或者森林碳汇的组成以及碳汇的测量方法方面的研究。研究认为森林碳汇一般包括树木碳沉降、森林土壤碳沉降、林下植物与腐殖质碳沉降、林产品碳储存4部分。那么如何测量林业碳汇呢？何英(2005)以及赵林、殷鸣放等(2008)对森林碳汇的测量方法进行了综述。高琛、黄龙生等(2014)对森林碳汇的测量方法进行了对比分析。综合这些观点可知对森林碳汇的测量方法大概有7种，它们是：生物量法、蓄积量法、生物量清单法，这3种方法有关联关系；池豫蜗旋积累法、箱式法、蜗旋相关法，这3种方法都需要采用相关仪器设备进行观测记录；最后一种方法是森林生态系统土壤测定方法。具体的每种测量方法的具体内容见表2-1。

表2-1 **林业碳汇测量方法**

测量方法	具体内容	数据来源
生物量法	先获得实测数据；然后用样地数据得到植被的平均碳密度；最后用每种植被碳密度与面积相乘估算碳量	大规模实地调查

续表

测量方法	具体内容	数据来源
蓄积量法	先将森林主要的树种确定下来，针对入选的树种进行抽样实测，将它们的平均容量计算出来；然后按照总蓄积量的数值，把生物量的数值确定下来；最后再以生物量与碳量的转换系数为依据将森林的固碳量求出来	抽样实测
生物量清单法	先计算森林各类型乔木层的碳贮存密度；然后据乔木层生物量与总生物量的比值，估算各森林类型的单位面积总生物质碳贮量	大规模实地调查或抽样实测
涡旋相关法	将仪器置于林冠上方，把 CO_2 的涡流传递速率直接测定出来，然后根据所获得的数据及相应的公式对该片森林生态系统吸收的 CO_2 量进行计算	涡旋仪测
池豫涡旋积累法	用维声速风速仪、红外线 CO_2 分析仪等仪器测定 CO_2 的变化情况，然后根据测定的数据进行计算	维声速风速仪、红外线 CO_2 分析仪
箱式法	将植被的一部分套装在一个密闭的测定室内进行测定，随时间变化的 CO_2 浓度就是 CO_2 通量	密闭的测定室测
土壤的测定方法	根据公式进行计算：土壤碳密度=土壤体积×土壤密度×土壤有机质含量÷1.724；土壤储量=土壤各亚类面积×土壤平均厚度×土壤平均容重×转换系数	抽样测量土壤有机质含量

对于林业碳汇项目的研究主要是对于林业 CDM 项目和非 CDM 项目

的研究。非 CDM 项目的研究是以 CDM 为基础延伸而成。对于林业 CDM 项目的研究内容较多，其中研究的频率较高的有 3 个方面。其一是关于林业 CDM 的可行性研究分析。与一般的投资项目的可行性分析一样，林业 CDM 项目的可行性分析主要分析经济效益的可行性、技术的可行性、融资的可行性等，特别指出的是林业 CDM 的可行性分析中的技术可行性不仅涉及对碳汇的监测、认证等技术环节，更有林业专有的造林方法学等技术问题。张小全等(2003)、刘伟平等(2004)对我国林业 CDM 项目的可行性和潜力进行了研究，认为我国林业 CDM 项目的效益大于费用。唐晓川(2009)以千烟洲生态试验站为例，该站是一个典型的人工造林、再造林长期试验站，他分析了该碳汇林业项目的成本与收益，认为该试验站的林业碳汇项目从经济上看是可行的。其二是关于林业 CDM 项目相关的实施程序中的相关技术或规则的研究。林业 CDM 项目的生命周期经历启动、计划、实施、结尾等阶段，启动和实施阶段主要进行项目的申请、准备等工作，在实施的过程中有对碳汇的监测、核证、注册、签发等工作，收尾工作涉及碳汇的交易等行为。项目的实施程序要经历的这几个阶段既环环相扣又各自独立，更多的研究是针对一个独立阶段或几个阶段的程序规则进行的研究，如方阳阳等(2015)对林业碳汇项目实施阶段中的监测方法进行了研究。刘伟平(2004)、马翠萍(2014)等对碳汇项目准备阶段及实施阶段中涉及的额外性、基线和泄漏问题进行了研究。其三是关于如何选择造林区域问题的研究。与一般造林再造林不同，对于碳汇项目的造林及再造林地有相关规定，比如对于 CDM 的造林与再造林项目的地域的选择有时间的要求、额外性等的要求等。因此在选择碳汇林业项目的造林及再造林区域时应该本着国际规则、国家利益、社会利益等综合要素利益来决定。根据各种规则条件以及 1990 年的无林地状况等国情，李怒云、徐泽鸿等(2007)指出可以把我国的 3 个地带区域作为我国对于《京都议定书》的第一个承诺期的优选可选择基地来开展林业 CDM 项目。这 3 个地带区域是中南亚热带的常绿阔叶林带，青藏高山针叶林带及温暖带落叶阔叶林带，南亚热带、热带季雨林、雨林带。

非CDM研究中有一类是关于REDD+项目的研究。主要研究的内容是关于REDD+的相关技术、规则的研究，如雪明、武曙红等(2012)，郗婷婷(2014)等对此进行了研究。也有对地区试点进行研究的或开展REDD+项目对区域影响的研究，如黄颖利、黄萍等(2012)，盛济川等(2015)对此进行了研究。还有其他的研究，如何桂梅等(2014)研究了“REDD+机制”对中国林业可持续发展的促进作用；盛济川等(2012)研究了“REDD+机制”在发展中国家的政策比较；车琛(2015)对我国林业碳汇市场森林管理项目进行了研究等。

2.1.2 林业碳汇的价值实现机制

林业碳汇价值的实现机制实际上是一种相互作用、相互制约的机制。这种相互影响主要体现在国家与国家之间、国家与企业之间、企业与企业之间。因此可以说，林业碳汇的价值实现机制实际上涉及国家与国家、国家与企业、企业与企业之间的博弈机制以及国际、国家与企业之间的博弈机制。下面按照主体之间博弈的逻辑来梳理国内外关于林业碳汇价值实现机制的研究成果。

国家与国家之间的竞争主要在于争取有限的碳排放权，这种碳权的多寡情况决定了各个国家的碳市场的规模大小。与此相对应的是，碳市场中给予了林业碳汇多大的比例，决定了林业碳汇规模的大小。强制市场是针对有具体减排任务的国家而言的，对于目前没有具体减排任务的发展中国家而言，主要是根据目前环境污染情况与具体经济发展状况以及林业发展状况来确定国内的自愿减排市场的规模大小，以及林业参与其中的比例等问题。关于国家与国家之间博弈的机制主要有国际碳排放权分配机制、资金支援、技术支持机制等。其中关于国际碳排放权分配机制的研究较多，国内较多利用博弈论的方法进行研究，如崔大鹏(2003)认为气候合作属于一种国际合作。李海涛(2006)采用枪手对决博弈理论分析发达国家、发展中国家以及中国在碳排放权分配问题中的策略及格局。余光英等(2010)采用了合作博弈的分析方法分析温室气体排放空间的分配机制。国外关于国际碳排放权的分配机制研究成果主要集中在4种模式上：主张平等分配的人均权利模型、主张考虑支付能力的自然债务模型、主张考虑历史责任的基于文化观点的分配模型、主张考虑资源状况的能源需求模型。这些模型主张按照效率与公平的原则进行碳排放权的分配，但是不同的模型其侧重点不同，这些模型的主要代表人物主要有 Smith、Swisher 和 Ahuja (1993)、Jansse 和 Rotmans (1995)等，其主要观点见表 2-2。

表 2-2　**国际碳排放权分配模型**

模型类型	主要观点
平等分配的人均权利模型	平等分配地球上的大气资源是全世界每个人的权利，所以应按人口指标进行分配
自然债务模型	一个国家能够支付的可用资源是全球减排温室气体谈判必须考虑的问题，具体应该按照支付能力和基于累积人均排放两个指标进行分配
基于文化观点的分配模型	考虑文化影响，将各地区 CO_2 排放的历史责任和分配未来排放权的政策目标相结合进行分配
能源需求模型	考虑当今世界各国之间的不同资源状况及可得性不同，以及发达国家的历史责任和对后代的责任等因素来分配

关于国家与企业之间的博弈机制的研究主要有关于国内碳排放权的分配制度、林业产权制度，以及林业碳汇参与碳市场的额度等问题的研究。由于我国还没有《京都议定书》的强制减排任务，关于碳排放权的研究，主要是从区域或者行业的角度来进行的，比如程纪华(2016)从我国省域的角度研究碳排放总量的控制目标，还有从区域的角度研究电力碳排放权的初始分配问题，比如陈勇等(2016)。另外从碳排放的初

始分配方式上看，主要有两类观点：一类是免费分配，另一类是有偿分配制度。其中关于有偿分配机制的研究较多，比如 Hahn（1984）、Sartzetakis（2004）等都对碳排放权的有偿分配机制进行了研究。其中，Varian（1994）用子博弈精练纳什均衡的分析方法分析碳排放权的有偿分配机制。这些有偿分配机制主要有排污许可证制度、公开拍卖机制等。

关于企业与企业之间的博弈机制的研究主要有融资机制、保险机制、企业内部治理机制等方面的内容。如曹开东（2008）、张伟伟等（2013）研究了中国碳汇市场的融资机制，李彧挥等（2007）、秦国伟等（2010）对林业保险问题进行了相应的分析。张丹等（2015）对企业碳排放权在不同交易目的下的会计计量进行了研究。严成樑（2016）对金融行业与碳减排的相关内容进行了研究。

国际、国家、企业之间的相互博弈形成了林业碳汇价值实现机制的结果。关于国际、国家、企业之间的博弈机制的研究主要有交易流程体系或交易体系制度、市场机制、碳汇及补贴等方面的内容。其一，关于交易体系或交易流程的研究。龚亚珍等（2006），廖玫、戴嘉（2008）等对此进行了研究，主要采用了灰色系统分析，主要结论有为了降低买卖方的信心收集成本及交易的便捷性，应该建立国家级的碳信用管理平台，包括全国统一的碳信用注册登记制度、统一的数据库、标准化的审批程序及规则，另外还有完善的碳汇产权制度及流转体制等。其二是关于市场机制的研究。价格是市场机制的核心，碳汇价格是碳汇市场的核心，但碳汇市场不同于一般的商品市场，也不同于证券市场，其产品的价格确定有其独特性。目前，计算碳汇价格的方法主要有 3 种，利用统计数据的计量经济模型定价法，根据部门排放情况的部门模型的成本定价法以及自下而上模型定价法等。具体到林业碳汇的价格，国际上一般利用土地的机会成本来衡量，但是常瑞英、唐海萍（2007）认为因为我国的土地市场不完备，以土地的机会成本来作为确定碳汇价格的依据并不适合我国。市场机制中，价格是由买卖双方共同决定的，碳汇市场的碳权价格最终由买卖双方的力量来确定。其三，关于碳补贴与碳税的相关研究。这方面的研究主要是关于碳税或碳补贴对行业及宏观经济的影响研究。究竟会产生怎样的影响呢？业界并没有统一，主要有3种观点。以贺菊煌(2002)等为代表的研究者认为碳税对GDP的影响可以忽略不计。以王金南(2009)等为代表的研究者认为低税率的碳税基本不影响中国的经济发展，但能明显地刺激CO_2排放的减少。以朱永彬(2010)等为代表的研究者认为不同税率的生产性碳税以及消费性碳税对经济的影响程度不同，但均能有效抑制CO_2的排放。碳税或碳补贴对产业的影响，主要是研究了其对森林经营的影响。以Stainback(2002)等为代表的研究者认为碳补贴或碳税可以激励森林经营者延长最优轮伐期，会使土地的期望价值变大，会使碳汇的供给增加。他是利用修正的Hartman模型以湿地松为研究对象进行研究后得出的结论。以沈月琴、朱臻等(2015)为代表的研究者认为碳税或碳补贴对不同树种的轮伐期的影响是不同的，对碳汇供给潜力的影响也有差异。

2.1.3 简短的评述

纵观现有对林业碳汇的相关研究成果，可以发现在研究重点上国内外较为一致，主要集中在森林的吸碳功能、碳汇项目的可行性研究、碳排放权的分配、储碳量计量等领域。诚然这些问题都是发展碳汇林业必不可少的环节或组成部分，但是这显然是不够的、是片面的，因为这只是行业内部的研究。由于林业碳汇的发展是在一个大的国际环境以及国内环境中发展起来的，离开其他部门及其相互联系的研究是不完全的，得到的结论也是需要斟酌的，因此需要从大系统的角度、与其他部门相互联系的角度来进行研究，使得结论的有效性增强。

纵观已有的对于林业碳汇价值实现的机制研究，就研究方法的角度而言，实证研究较多，案例分析也不少，但用博弈论的分析方法进行研究的不多，从复杂适应性系统这个角度去分析问题的更少。复杂适应性系统的研究已经逐步由自然科学走向社会，在股票、劳动力市场等很多经济管理领域开始运用。林业碳汇的价值实现机制是经济管理领域中的一部分，因此，从博弈论及复杂适应性系统相结合的角度进行分析，对于碳汇林业的价值实现机制而言是一种新的尝试。复杂博弈系统的相关理论基础以及林业碳汇价值实现机制的相关基础研究都是进行这种尝试的基础积累，所以这种尝试是具备相应的理论基础及实践经验的，是具有可行性的一些基本前提的。

2.2 分析框架

2.2.1 复杂适应性系统的视角

在一个范畴内一般有多个组成因子，这些因子之间是相互联系、相互作用的，由这些因子相互联系相互作用形成的有机整体就称作一个系统。显然可以根据某范畴内因子的多寡、作用的形式差异将系统进行分类。比如根据系统内子系统的关联关系是否复杂可将系统分为简单系统和复杂系统，显然各子系统的关联关系比较简单的系统就为简单系统，各子系统内部因素众多且关联关系复杂的系统就为复杂系统。需要说明的是，这种分类是按照关联关系的简单与否来进行的，与子系统的数量多寡无关，即不管子系统是几个，还是几十个，或者上百个，或成千上万或者更多，只要各个子系统之间的关联关系简单便归之为简单系统。如何理解关联关系简单呢？可以从两个方面进行判别或者从两个方面来体现：满足线性关系或者其部分功能的和与整体功能相近。复杂系统内部的子系统数量可能只有几个，也可能数量很多，它的复杂体现在：各个子系统之间的千丝万缕的联系会导致系统具有高度的不确定性，另外这种联系虽然具有一定的客观规律性，但不满足线性关系或者整体功能与部分之和的关系。

复杂适应性系统是复杂系统的一种。复杂适应性系统理论把系统的成员看作具有自身目的具有主动性的、积极的主体。主体是复杂适应性系统最核心的概念，为了研究适应和演化过程中的主体，霍兰提出了7个概念，要特别加以注意，即 aggregation、non-linearity、flows、diversity、tag、internal models、building blocks，翻译为聚集、非线性、流、多样性、标志、内部模型、构筑块。

其一，聚集。主体的聚集体现在单个的主体通过 adhesion，即通过“黏合”成较大的聚集体，该聚集体是多个个体形成的新个体。个体一般具有“黏合”属性，只要在适应的环境下这种黏合属性便发挥作用，即个体与个体之间的相互吸引，彼此接受，互相渗透交融整合为一个新的个体——聚集体，这个聚集体不是分散的疏松的拼凑体，它整合得像一个单独的个体，在系统中这个聚集体的行动犹如一个独立的个体一样独立。应该说明的是：聚集体的出现不是对原有个体的简单叠加合并，也不是个体之间的相互吞噬消灭，而是一种融合创新，聚集体既有原有个体，即原有个体依然存在，又具有更高层次的属性与功能，让原有个体因为新环境而得到发展与完善。这种个体从较小的、较低层次通过黏合成较大的、较高层次的聚集体的特征是复杂适应性系统主体演变的一种特征，是复杂性的一种表现。

其二，非线性。非线性与线形是相对而言的。非线性在复杂适应性系统的含义是说，系统主体相互影响作用或者说主体间聚集成新主体时，可能会导致某些属性的改变，这种改变并不是遵从简单的线性关系而变化。即主体甲与主体乙或者更多主体之间在发生关系或相互作用时，主体甲不是简单地、单向地或者被动地接受这种影响，而会思索主动的“适应”关系。即会留下以前的交互作用的“历史”痕迹，主体会思考以往的“经验”或“教训”，从而在将来的行动中采取相机的抉择，体现了一种非线性的特征。实际的情况往往是各种负反馈和正反馈交互影响的、相互缠绕的复杂的关系。特别是在系统或环境反复的交互作用中，这种非线性特征更明显，因此主体的行动更难以预测。

其三，流。流可以看做是主体的基本能源载体或驱动物质载体，主体与主体之间或者主体与环境之间相互作用需要这个流维系。那么这些流是什么呢？主要是物质流、信息流、能量流等。流需要渠道才能运行，才能对主体产生影响，从而发生一系列变化。所以这些流的渠道越畅通，越有利于系统的演化，流的周转速度越快，越有利于系统的演化。比如中医“气”流、“血”流通，人体系统健康发展，不通则生百病。又如信息系统工程的信息流若充足，则对工程分析和设计就非常有利。所以对于各种复杂适性系统而言，流的顺畅是系统正常运行的基本条件。一般来说如果系统越复杂，那么系统内各主体的交换频率就越高，对应的流就会错综复杂得多，这些交换包括物质、能量、信息等的交换，这种交换实际就是流的传递。

其四，多样性。如果主体同质便是单一性了，复杂适应性系统的主体不是同质的。首先，最低层次的个体不是完全同质的，体现出个性的多种，另外就是主体之间在相互作用中可能会分化，会形成更高层次新的主体，这种分化或者新的主体的形成与原有主体之间也是有差异的，这便是复杂适应性主体的多样性。

其五，标志。复杂适应性系统的主体既具有某种共性，也具有各自的个性。在个体的相互作用中如何将个体甲、个体乙以及更多的个体区别开来，以便它们相互选择与识别，需要对个体进行标志。这种标志非常重要，标志便于实现信息的交流，只有实现这种交流了，才便于个体的选择，才能体现适应性，否则就是随机运动了。因此对于标志的效率与功能的考虑就非常必要了，无论是通过建模来研究系统，还是通过其他的方式进行实际系统的分析都是如此。

其六，内部模型。内部模型是用来表明层次的。个体之间相互聚集成新的个体，新的个体之间相互聚集成更新的个体，个体如何聚集体现了复杂系统的内部机制，这种内部机制就称为内部模型，不同的聚集方式或内部模型便形成了不同层次类型。

其七，构筑块。构筑块是复杂系统的一些相对简单的部件。复杂系统里构筑块可多可少，可大可小。这些构筑块可以进行不同的组合，就像积木一样，复杂性也就体现在构筑块的组合上。构筑块具有加强层次的作用，如何理解呢？不考虑构筑块内部模型，即其内部相互作用，将低级层次的构筑块与高级层级的构筑块进行组合，在这种构筑块与构筑块之间的相互作用与影响下，可能会形成新的层次。

上述7个方面的表述可以充分体现复杂适应性系统主体的特点：复杂适应性系统的主体是活生生的个体，具有多样性、多层次性，它与外界不断进行物质与能量的交换、不断发展和完善。上述的聚集、非线性、流及多样性是个体的某种属性，通过这些属性的发挥个体将在系统中进行适应和进化，标志、内部模型、构筑块是个体与环境进行交流时的机制和有关概念。可以实现价值的林业碳汇是将具有外部性的产品私有化而形成的，涉及多方参与主体，林业碳汇价值实现机制就是多方参与主体相互作用、相互适应而形成的复杂适应性系统。因此，处理林业碳汇价值实现的机制问题是从复杂适应系统的视角出发进行研究的。

2.2.2 博弈的视角

博弈论又叫对策论或者游戏理论，在这个理论中理性的经济人在参与经济行为或者活动中总是遵循以最小的成本获得最大的收益的原则行事。具体而言，博弈是在一定的社会经济等环境以及一定的规则条件下，一些组织或个人为了在同其他组织或个人的竞争或者合作中获得相应的资源，有选择性地采取相应的行为或策略加以实施的过程，同其他的组织或个人的行为或策略相比，本组织或个人可以先行动，也可以同时行动，可以只采取一次行动，也可以采取多次行动。

一个博弈一般包括参与人、行动、信息、战略、得益以及均衡6大要素。参与人是指在博弈中独立决策的参与人，他的决策会对其他的参与人的决策产生影响，他需要对博弈的结构独自承担。参与人也称博弈方或局中人，他可以是国际组织或者国家，也可以是企业或者个人等。参与人一般用 n_i 表示，$i=1，2，\cdots，n$。行动是指局中人或者说参与人在某时间点上处理经济社会事务的决策变量，也就是说是该参与人在某时点上在处理社会经济事务中所采取的一个特定的行动便是这个人的决策。第 i 个参与人的某一个特定行动，一般用 a_i 表示；第 i 个参与人的所有行动叫做该参与人的行动集合，一般用 $A_i = \{a_i\}$ 表示。信息是指当其他参与人采取决策行动时的支付函数或者得益的具体情况对于某参与人是否知道、知道的程度或全面性如何。如果某参与人完全知道各参与人在各种行动情况下的支付函数，那么就可以认为该参与人具有完全信息，否则便认为该参与人具有不完全信息。战略是指参与人采取行动的策略，也称计谋或策略。参与人 i 所选定的某一个特定的策略，一般记为 s_i；参与人 i 所选定所有可能的策略称为其策略集，记为 S_i。假设博弈的参与人有 n 个，如果每个参与人都选定了自己的特定策略，那么 n 维向量 $s = (s_1, s_2, \cdots, s_n)$，就表示一个策略组合。得益是指参与人采取某特定组合时候所获得相应收益，也可以叫做支付函数。通常用一个正数或者负数来表示得益。均衡是指所有参与人的最优战略组合，一般记为：$s' = (s_1, s_2, \cdots, s_n)$，其中 s_i 表示第 i 个参与人在均衡情况下的最优战略。对博弈的均衡进行预测是进行博弈分析的目的。本着该目的，按照参与人对信息的掌握程度以及行动的先后等标准，博弈可以有情况下的博弈。一般有静态博弈和动态博弈，完全信息博弈和不完全信息博弈，合作博弈和非合作博弈，具体分类界定见图 2-1。

合作博弈与非合作博弈在博弈的发展过程中交互占主导作用。在博弈论发展的早期到 20 世纪 50 年代，合作博弈一直更受关注，合作博弈代表性的成果有夏普里提出的合作博弈中“核”的概念、纳什和夏普里提出的讨价还价模型等。但是合作博弈在解释“集体理性”没能形成统一的标准，对“强制性”力度难以界定，导致对合作博弈解的合理性及可靠性及可实施性的判断没有统一标准。在这种情况下，非合作博弈开始成为博弈论学者新的关注点，因为非合作博弈不需要对“集体理性”进行界定，其界定的是个体理性，个体理性的界定是唯一且清晰的，那么这样就可以简明且完美地判断非合作博弈的解。非合作博弈虽然对博

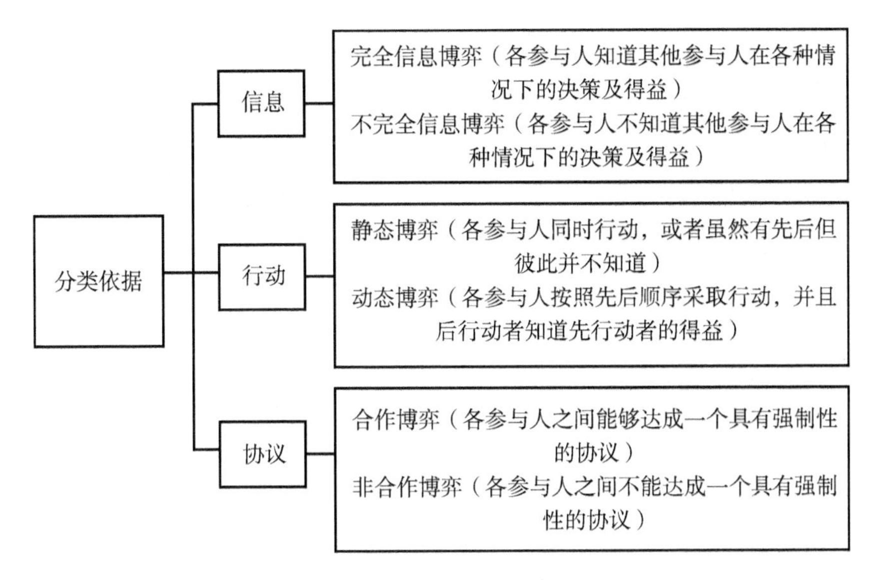

图 2-1　博弈基本分类

弈的解可以做出标准的判断，但是很多情况下其解是低效率的或甚至无效率，这又让学者们不得不思考非合作博弈的现实问题以及合作博弈的必要性问题。另外一个问题就是个体理性虽然可以统一地加以界定，但是完全的个体理性在现实中是很难找到的，参与人在大多数情况下都是有限理性的，从完全的个体理性角度出发进行的选择与现实的情况可能相差很远。因为这些现实与假设的矛盾问题，学者们又开始思考研究合作博弈问题。

在合作博弈问题的研究中，集体或者联盟或者合伙是博弈的参与人。参与人或者联盟的形成机制或者过程是怎样的，收益如何在联盟内部成员之间进行分配等问题，一般是作为合作博弈研究中的重点问题。如果 $I=\{i_1, i_2, \cdots, i_n\}$ 是所有参与人的集合，那么其中的任何一个非空子集 $S \subset I$ 便是一个联盟。那么空集（Φ）与单个参与者是一种联盟吗？在合作博弈中是将他们作为一种特殊联盟对待的。如果一个博弈中有 n 个参与人，那么一般情况下可能会产生 2^n 个联盟，如果将空集排出在外，那么可能会有（$2^n - 1$）个联盟。联盟形成以后，那么如何进行利益的分配呢？如果利益分配不公，联盟可能就会很松散，或者名存实亡，因此利益的分配是一个很重要的问题。一般来说，合作博弈中的分配可以表示为：在有 n 个参与者的合作博弈中，向量 $x = (x_1, x_2, \cdots, x_i)$ 是合作博的一个分配，如果该向量满足：① $\Sigma x_i = U(I)$；② $x_i \geqslant U(i)$。其中，$U(I)$ 表示 i 个参与人的收益总合，$U(i)$ 表示不与任何人联盟的单个参与人 i 的收益。

合作博弈与非合作博弈问题在林业碳汇的价值实现机制中会普遍涉及。由于林业碳汇的价值实现过程中会涉及很多的参与主体，各个参与主体可能会单独行动，在更多的情况下可能是参与者形成的联盟之间的博弈过程。比如，在碳排放权的分配问题上，各个国家之间可能相互博弈获得本国的碳排放权利，也有可能相同情况或者类似情况的国家形成联盟以博弈而获得集体的碳排放问题等。关于碳排放权的问题，国家内部以及地区内部甚至行业内部也会出现如此博弈及非博弈相互作用的情况。

2.2.3 价值实现机制的视角

价值实现的难易与物品的性质有关。按照竞争性与排他性的不同，物品有私人物品与公共物品以及居中的准公共物品之分。如果某物品具有消费的竞争性(假如你消费了该物品，那么该物品就不存在了)以及收益的排他性(假如你购买了或支付了一定的价格获取了某物品，那么其他人便无法拥有或取得该物品，除非你同意转让或者赠与)，则该物品为私人物品。如果某物品具有消费的非竞争性(假如你消费了该物品，该物品依然存在)以及收益的非排他性(假如你购买了或支付了一定的价格获取了某物品，并不妨碍其他人获得该物品，不是因为你的赠与或转让)，则该物品为公共物品或者纯公共物品。如果某物品具有消费的竞争性、收益的非排他性，或者某物品具有消费的非竞争性、收益的排他性，则称该物品为准公共物品。按照是否具有竞争性和排他性的情况，物品的分类具体见图 2-2。

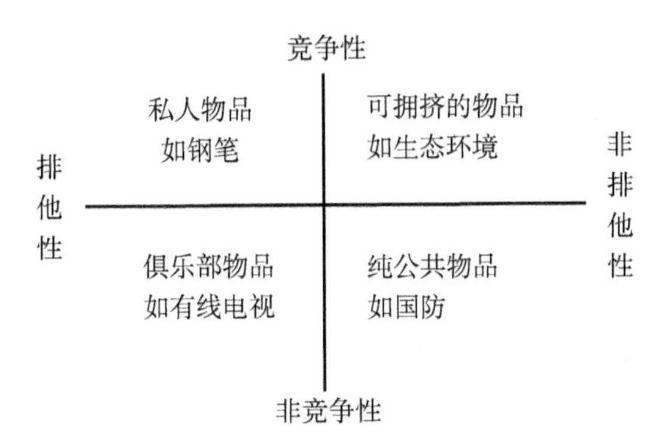

图 2-2 按照竞争性和排他性不同的物品类型

在公共产品的消费过程中由于产权难以界定等原因会产生“公地的悲剧”、“搭便车”、“外部性”问题。如果一种物品或资源的所有权具有非排他性，那么就会由于产权不清无法限制其他人使用该资源，从而会使得该资源被过度使用，而最终损害该资源或使得该资源被过度使用而不复存在，这称为“公地的悲剧”。如果一种物品或资源具有消费的非竞争性，那么由于无法排除其他不付费的人消费该资源，那么就有很多需要消费该物品或资源的人不交费而使用，这就是“搭便车”现象。无论是“搭便车”现象还是“公地的悲剧”问题，可以看作公共物品的“外部性”问题，这是从接受主体的角度而言的外部性，正如兰德尔所说，外部性是指一些低效率现象，该低效率产生是由于参与人在采取一个行动时，该行动所产生的某些效益被给予没有付出的群体，该行动的一些成本被强加于某群体。从辩证的角度看，一般而言问题是有两面性的，对于外部性的定义也是如此，从接受主体的对立面——产生主体而言，某些生产或者消费行为对第三方强征了一些成本却无法补偿，或者对第三方给予了收益却无需补偿的情况，这是萨缪尔森和诺德豪斯对于外部性的定义。外部性可以出现在生产领域也可以出现在消费领域，外部性可能对某些主体有益也可能对另外一些主体产生一些不利的影响。如果在某经济活动或领域中，某些经济主体获得收益或效用而不必为此支付成本，则是外部经济；相对应的，如果某经济活动或领域中，某些经济主体付出了代价或成本，而无法获得收益，则是外部不经济。外部经济与不经济总是出现在同一经济活动或领域，因为对一方主体是外部经济就是对另外的一方主体的外部不经济，这会打击外部不经济一方的积极性而助长外部经济的懒惰或者投机行为，不利于资源的有效配置。

"外部性"问题，如"公地的悲剧"、"搭便车"现象以及其他的一些外部性问题，都会使得该公共物品供给不足，资源不能有效配置。为了解决这些问题，专家学者经过研究提出了两种手段来解决，一是界定产权。既然外部性中类似于"公地的悲剧"以及"搭便车"的问题都是因为产权界定不清等原因造成的，那么只要产权清晰就可以避免"公地的悲剧"或者"搭便车"现象，避免类似外部性问题出现。二是庇古税。既然外部不经济对经济主体产生了一些付费之后却没有收益或者无法收益的现象，那么政府可以给予补贴，使得经济主体或厂商的边际私人成本与边际社会成本要小，从而可以激励经济主体的或厂商增加供给；另外如果某经济活动获得收益而不用付费或者无法要求其付费的时候，政府就可以征收税收，以增加该经济主体或者厂商的私人边际成本，从而达到减少供给的作用。这就是庇古提出的征税或补贴以纠正市场失灵的政策建议，叫作庇古税。"通过这种征税补贴，可以实现外部效应内部化"。无论是产权界定还是庇古税，都是政府调节市场失灵的手段，通过政策来引导或调节经济主体的行动，可以认为问题的解决在于相应的机制发生了作用。

一般情况下，要让林业碳汇有受益的排他性很难在技术上做到，因此林业碳汇是典型的准公共物品。与林业碳汇相对应的是碳排放权或者碳排放空间，其在《京都议定书》生效之前，也是一种准公共物品，碳排放空间很难做到受益的排他性。《京都议定书》等一系列国际公约的生效，对碳排放权进行了约束。有了这种约束，碳排放权就不是任意或者随意的了，在有总量约束的前提下约束了可以使用的碳排放权，并且按照谁付费谁拥有，或者谁污染谁付费的原则将碳排放权逐渐私有化。林业碳汇受益的非排他性就是在这种碳排放权的逐渐私有化的过程中解决的，这就是林业碳汇价值实现机制的一种表现。可以说林业碳汇的价值实现机制就是通过相应的机制在解决外部性中的过程中实现的。

2.2.4　分析框架图

本书林业碳汇价值实现机制的研究主要是从博弈的视角、复杂适应性系统的视角、机制的视角进行的，大致可以分为 3 大部分，第一部分是关于林业碳汇价值实现机制发展状况，从复杂适应性系统的视角来进行行为主体的识别；第二部分是关于林业碳汇价值实现机制的判断、选择，是基于行为主体及行为主体的层次性从博弈论的角度来进行分析；第三部分是基于全书的结论及政策建议。具体分析框架见图 2-3。

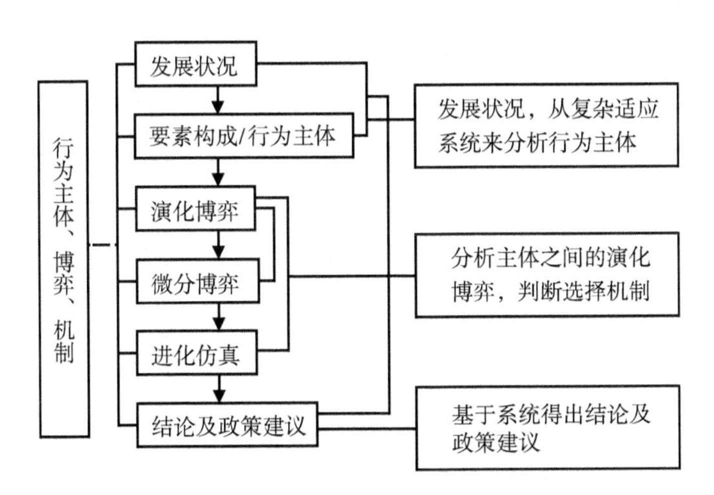

图 2-3　林业碳汇价值实现机制分析框架图

3 林业碳汇价值实现机制的状况分析

3.1 机制分类

3.1.1 市场机制

通过市场机制实现碳汇林业的价值主要是通过碳排放权交易来实现的。碳排放交易是指通过市场来进行碳排放权的买卖。碳排放权来自政府等部门的分配，这种分配是政府等部门进行碳排放权控制管理的内容之一。一般按照一定的规则，如按照企业的规模大小分配相应的碳排放权。对于这些分配的碳排放权，如果企业在规定的期限内没有使用完，则可以将剩余的碳排放权按照规则程序申请到市场进行出售，如果超额排放则可以从市场上购入以达到履行控制碳排放的责任。碳市场也叫碳权市场，也是碳排放权进行交易的市场。按照是否承担国际强制减排任务，世界上的碳市场可以划分为两种：强制减排市场和自愿减排市场。其中强制减排市场有两种：一类市场是基于配额进行交易的，另一类市场是基于项目进行交易的。基于配额的交易是指在“限量与贸易”①体制下进行的碳排放权交易。这种交易一般是现货交易。这里的碳排放权

① Cap-and-trade。

来自管理者制定、分配的减排配额，如 EU-ETS(欧盟排放交易体系)下的 EUAs 碳权(欧盟单位)便是减排配额，如来自 AUUs(《京都议定书》下的分配数量单位)也是一种减排配额。基于项目的交易一般是期货交易，是指进行减排项目实施的项目方与碳权需求者之间的交易，购买的是项目未来减排的碳减量，如在 CDM(清洁发展机制)下的“排放减量权证”的交易便是基于项目的交易。CDM 下的林业碳汇的交易也是基于项目的交易，在该交易体系下，发达国家通过资助或参与林业碳汇项目以获得一定份额的未来碳汇量抵消其工业排放，一般这种模式称为抵消机制，这里的碳汇量是需要经过第三方核证的，经过第三方核证的减排量交 CER(核证减排量)。参与碳抵消机制的还有 REDD+项目(减少毁林和森林退化导致的碳排放)。另一类是自愿减排(VER)市场。自愿减排市场是一些非“京都规则”或以体现企业社会责任为目的的自愿市场。自愿市场还没有形成统一的目标标准，主要是一些大型的企业或者机构资源参与的具有行业特色或区域特色的一些碳权交易市场。进行林业碳汇交易的自愿碳市场主要是由一些大量的场外交易、美国的芝加哥气候交易所(CCX)和西部气候倡议等交易所组成，芝加哥气候交易所于 2011 年关闭。其中新加坡亚洲碳交易所是比较有代表性的交易平台。

3.1.2 非市场机制

有些国家通过非市场机制实现林业碳汇价值，主要是借助政府之手来实现林业碳汇的价值。采用国家财政补偿就是一种非市场机制实现林业碳汇价值的做法，该机制可以是从国家减排基金中拨出一部分资金直接购买农民手中储存的碳汇。比如澳大利亚有国家减排基金，2013 年下半年上台的艾伯特政府为了购买未来 3 年农民的碳汇，决定拨出 15.5 亿澳元的减排基金。或者也可以通过对保护森林的机会成本给予补偿，这种补偿资金主要来自于政府，如新西兰政府对 1989 年森林给予 5，500 万个新西兰单位的一次性补偿。

另外也可以采用市场与非市场相结合的机制，如新西兰和澳大利亚都是采用市场补贴和财政补贴的方式来实现林业碳汇价值的。

3.2 国外

3.2.1 基本情况

1. 强制市场

截至 2014 年 12 月，全世界共有 8973 个 CDM 项目，其中已经注册的林业 CDM 碳汇项目有 55 个，占全球 CDM 项目的比重大约为 0.6%。林业碳汇项目还有一类是以 REDD+为载体的碳汇项目，这类项目的交易体制还没有统一的国际标准，这类项目主要集中在原始森林和热带雨林等资源较丰富的国家或地区，比如拉丁美洲的发展中国家，它们丰富的热带雨林及森林资源需要有效的经营管理活动来防止森林资源退化以及被毁坏，这样既管理了森林也增加了碳汇。从全球林业碳汇项目的交易来看，以 2011—2013 年为例，2011 年为 7.3 百万吨 CO_2 当量（简称 tCO_2-e），2012 年为 1 百万 tCO_2-e，2013 年为 4 百万 tCO_2-e，交易量是减少的，具体见图 3-1。从交易额来看，2011 年为 51.5 百万美元，2012 年为 18.1 百万美元，2013 年为 52.4 百万美元，具体见图 3-2，强制市场的交易规模在缩小，交易单价没有上升，具体见图 3-3。

2. 自愿市场

在自愿市场进行交易的林业碳汇需要认证，否则不能进行交易，国际碳市场中 98% 的林业碳汇项目都已采用或正在进行相关标准认证。不同的自愿市场的认证标准不同，从全球来看，目前存在 20 多个林业碳汇的认证标准，如自愿碳减排标准（VCS）、气候社区生物多样性标准

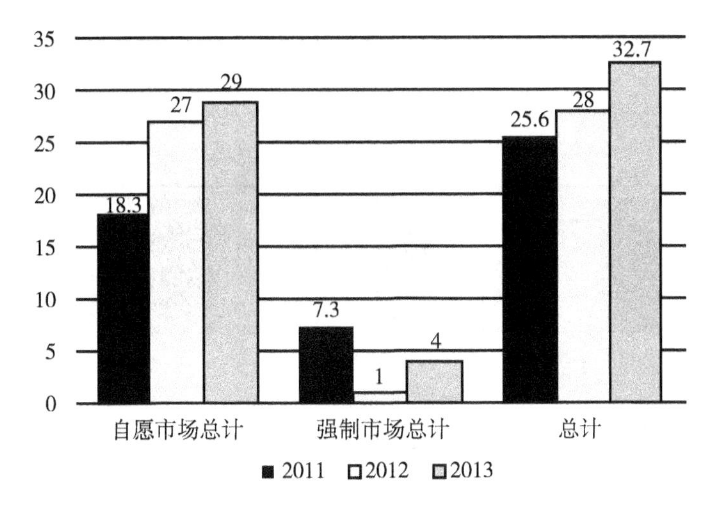

图 3-1 2011—2013 年全球林业碳汇项目交易量(百万吨)

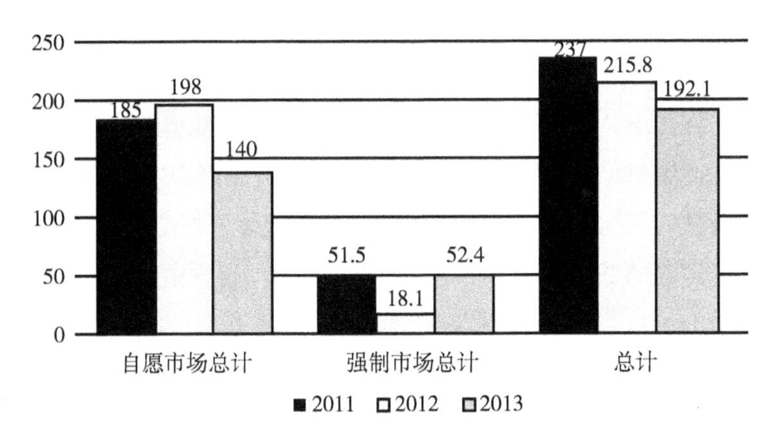

图 3-2 2011—2013 年全球林业碳汇项目交易额(百万美元)

(CCB)、森林可持续管理碳标准(FSC)、碳农场倡议(CFI)、CCX 等。在众多的认证标准中，VCS 认证得到较广泛的运用，采用该标准认证的项目交易量最多。2012 年有 1570 万 tCO_2-e 交易的碳汇是通过 VCS 认证的，占市场总量的 57%，另外在这中间的 77.7%都采用了 VCS 和 CCB 双重标准认证。2013 年有 1460 万 tCO_2-e 交易的碳汇是通过 VCS

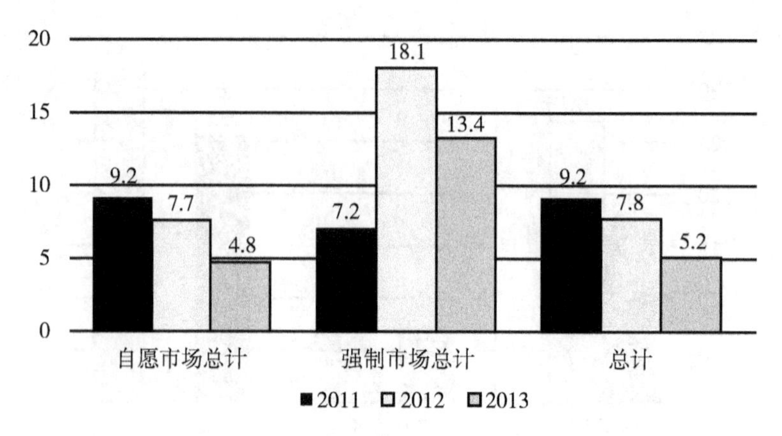

图 3-3　2011—2013 年全球林业碳汇项目交易平均价格(美元/吨)

认证的，占市场总量的 46%；另外，在该年交易 1630 万 tCO_2-e 中，有 81%的交易采用了诸如 CCB/FSC 等双重认证标准进行认证。对林业碳汇项目产生的额外的环境和社会经济效益进行认证是碳交易市场发展的主流趋势，由于认证标准的不统一，多重认证得到较普遍的运用，经过多重认证的碳汇项目的碳汇价格相应地会提高。由于政策信号的不断变革，以及林业碳汇的项目类型发生着变化，造林等方法学的不断探索，对于林业碳汇的认证标准还在不断地变化和发展过程中。

从 2011—2013 年全球林业碳汇项目交易量来看，自愿市场的交易量逐年上升，分别为 18. 3 百万 tCO_2-e、27 百万 tCO_2-e、29 百万 tCO_2-e，见图 3-1。交易额在 2011—2013 年分别为 185 百万美元、198 百万美元、140 百万美元，见图 3-2，交易额是下降的。自愿市场的交易规模近年来虽在不断增加，但其平均交易价格却在减少，见图 3-3。

3. 总体特点

首先从供给方与需求方来说，需求主体规模有限，供给主体也在比较小的幅度内。林业碳汇的供给方主要是林业项目生产者，目前的林业碳汇项目占整个碳权市场的份额相当有限，主要以工业节能减排的碳权为主；林业碳汇的购买方主要是有节能减排任务的国际、国内的大中小型的企业，如能源行业的企业、食品饮料行业企业、交通领域的企业、农林业部门、零售业部门，还有一部分是作为中介参与的如金融保险业等。从2012年和2013年购买方的购买动机来看，碳汇购买方购买碳汇的原因主要集中在这样几个方面：完成减排任务的强制市场需求、履行企业社会责任、示范行业领导力等。

其次，从林业碳汇的交易来看，交易量上升，交易价格呈现波浪式发展的状态。2013年全球林业碳汇交易量为3270万 tCO_2-e，比2012年增加17%，交易量在持续上升。从交易总价格来看，2013年交易额为1.92亿美元，累计交易额突破10亿美元。尽管全球对林业碳汇的需求在上升，但交易价格下降趋势明显，与全球碳价下跌趋势一致。根据图3-1、图3-2、图3-3的数据可以判断出。

再次，从碳汇项目的主要类型看，REDD+项目逐渐占主导。由图3-4的数据可判断出，2013年的REDD+项目交易量是2012年的3倍，在2013年的碳汇交易中有一半以上的碳汇交易量是REDD+项目的，REDD+项目的交易量累计达到2470万 tCO_2-e，项目已经覆盖了大约

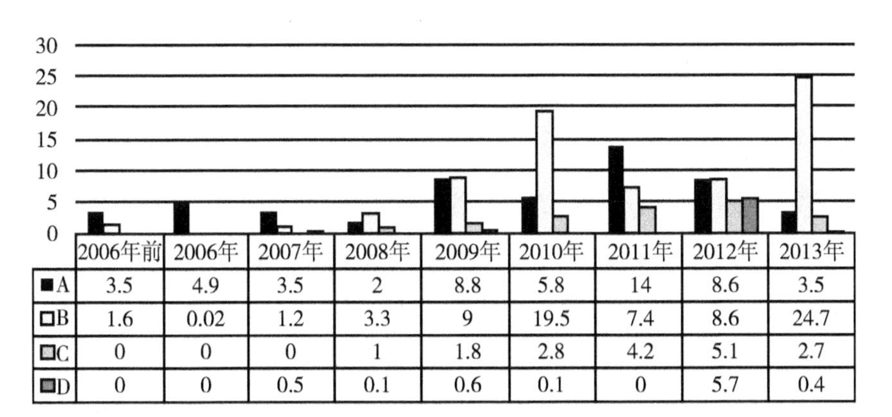

	2006年前	2006年	2007年	2008年	2009年	2010年	2011年	2012年	2013年
■A	3.5	4.9	3.5	2	8.8	5.8	14	8.6	3.5
□B	1.6	0.02	1.2	3.3	9	19.5	7.4	8.6	24.7
■C	0	0	0	1	1.8	2.8	4.2	5.1	2.7
■D	0	0	0.5	0.1	0.6	0.1	0	5.7	0.4

注：A表示造林/再造林，B表示减少毁林与退化(REDD)，C表示改善森林经营管理，D表示农业/混农林业/草地管理等。

图3-4　全球不同类型林业碳汇项目年度交易量(百万 tCO_2-e)

2000 万 hm^2领土面积，这个面积与马来西亚的森林面积不相上下。

最后，从碳汇市场的发展来看，自愿市场发展趋好。由于经济不景气、气候谈判的复杂性等原因，近年来全球资源碳市场的平均交易价格、交易额、交易量均有所下降，但林业碳汇交易在自愿碳市场中的交易量的比重却在逐渐上涨：2011—2013 年，全球林业碳汇交易量在自愿碳市场中的占有比例分别为 26. 39%、27. 18%、43. 03%；林业碳汇的交易额在自愿碳市场中的占有比例分别为 40. 41%、41. 26%、50. 69%。2012 年，自愿碳市场的碳汇交易量最高的来自可再生能源项目，林业碳汇项目的碳汇交易量位居第二，到了 2013 年，林业碳汇项目的市场交易量已经大幅度超过来自可再生能源项目的碳权并位居第一，市场对于林业碳汇的需求旺盛。

3. 2. 2 典型国家的做法

1. 韩国

韩国的经济发展较快，其温室气体的排放较大较快，较大是指其总量在全球排在第九，较快是指其排放增长率在全球排第一位。虽然在《京都议定书》中规定必须承担减排义务的国家中没有韩国，但是一方面是环境的污染压力，另一方面是国际减排的压力，韩国政府需为应对气候变化采取行动。韩国政府在 2010 年提出的“森林碳汇抵消计划”是采取的措施之一。该计划分为 3 部分：第一部分是积极参与国际林业 CDM 项目，积极为国内的林业 CDM 项目寻找国际有减排义务的需求方或买家来韩国投资、购买林业碳汇项目；第二部分是积极倡导对于森林的可持续经济管理行动的开展，以此提高碳汇能力；第三部分是对于开展了森林碳汇项目的一系列补偿制度及措施。韩国政府在 2011 年提出了“温室气体减排目标管理法”。根据该管理法韩国对企业的温室气体排放以及能源的消耗状况进行管制，这些被管制的企业主要是大型实体企业。综合以上情况可知：韩国政府的行动主要体现在两个方面，一方面对部分企业规定碳排放量限制，另一方面是促进碳汇减排的市场交易。

为了推进森林碳汇补偿项目的开发，韩国政府成立了专门的行政机构和验证机构。根据职能的不同，行政机构和验证机构共设立有 3 种。第一种是负责森林碳汇项目的申请与注册的机构，该机构的工作是开展森林碳汇项目补偿的基础，机构名称一般是碳汇补偿中心；第二种是负责森林碳汇项目产品的验证、碳汇有效期的核算等工作，该机构的工作是开展森林碳汇项目补偿的核心工作；第三种是补偿委员会，该机构的主要职能是确定森林碳汇补偿的具体额度，该部门的工作是开展森林碳汇项目补偿的关键，该机构的人员需要森林补偿专家达到 10 人或以上才可以正式运作。

森林碳汇项目补偿认证过程的程序是：申请—项目有效期—项目实施—初期验证和补偿—监测—网上认证和续期。这个过程可在网上进行，网上系统是森林碳汇补偿中心专门开通的，具体的过程见图 3-5。简而言之，这个流程可分为前期准备、中期实施、后期的延续等工作。前期是准备和申请工作，这个程序的完成需要有碳汇补偿需求的一方准备项目设计文件，项目设计文件完成后一方面要递交给森林碳汇补偿中心对项目进行申请批准，另一方面要将文件中涉及项目有效期的核算和项目的验证报告递交给验证机构进行验证，待验证机构验证合格后，就可以在碳汇补偿中心对该森林碳汇补偿项目进行注册。接下来是项目的实施过程，主要是核查项目的碳汇以及对核查的碳汇进行监测，通过核查以及监测的森林碳汇来确定补偿额度，核查主要是森林碳汇补偿中心请验证机构进行，确定补偿额度主要是补偿委员会根据核查的相关情况进行，监测主要需要碳汇补偿提供者进行监测及提供报告。在项目的后期，主要是进行项目补偿续期的相关工作，是否续期需要验证机构的验证。

韩国政府的碳排放额度是如何确定的呢？韩国现阶段碳排放总量为

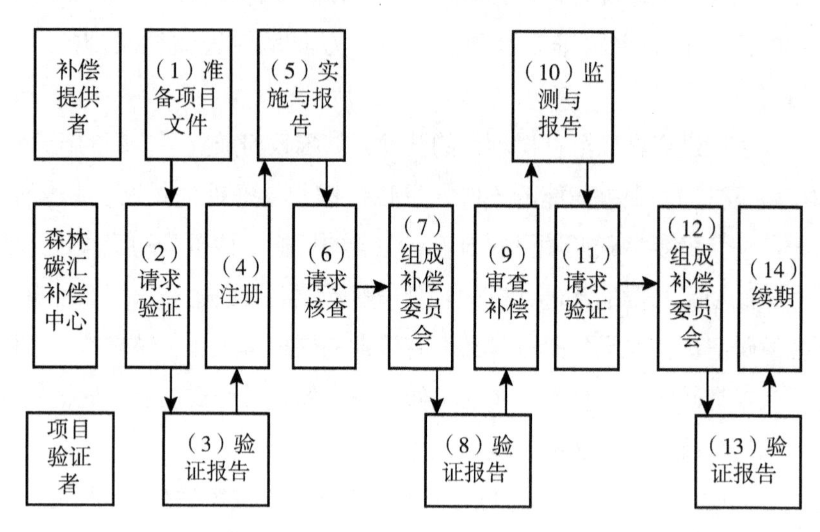

图 3-5 森林碳汇补偿项目认证过程

2.5 万 tCO_2-e，允许碳排放量为 2 万 tCO_2-e，这 5000t 的差额就是要减少的碳排放额度，通过这种差额规定确定了碳排放额度。那么这些减少的碳排放额度被分配在哪些领域呢？韩国政府规定：在减少的碳排放空间中有 3000tCO_2-e 排放量通过技术改进等碳减排措施实现，但由于技术瓶颈以及开发新技术的费用高昂，使得技术减排的难度越来越大。另外 2000tCO_2-e 排放通过森林增汇的碳补偿项目来实现。由于韩国林业产权清晰，有 71%的森林属于私有林，对森林碳汇补偿项目的开展是非常有利的条件，但是从绝对面积上看，韩国国土面积比较小，可用来造林的土地面积非常有限，对森林碳汇补偿贸易的发展在一定程度上有限制作用。

2. PCT

为了促进减缓和适应气候变化的发展，世界各国纷纷成立了碳基金，参与碳交易与促进碳市场发展，比较有影响的碳基金包括荷兰清洁发展机制碳基金、德国碳基金、日本温室气体减排基金、英国碳基金等。PCT 是太平洋碳信托基金的简称，该基金是哥伦比亚省政府于 2008 年 3 月出资建立从事碳权交易的国有企业，由 BC 省政府控股。PCT 的建立是为了推动“气候行动计划”的实施。“气候行动计划”是为了实施《温室气体减排目标法案》的相关规定或任务而制订的，该计划于 2007 年由加拿大英属哥伦比亚省政府制订，拟于 2008 年执行。《气候行动计划》的相关规定主要是针对公共部门①，该计划的主要内容有两个方面：一是减排目标，到 2010 年政府部门要实现 100%的碳中和，到 2020 年达到 33%的温室气体减排目标，清洁电力生产达到 93%；二是具体的措施，要求公共部门设定碳排放量的额度限制，要求公共部门公开其减排计划及行动，允许碳中和行动，比如投资于一些减排项目抵消其碳排放量等。省政府为推动该计划的实施，成立了 PCT。PCT 进行业务活动的资金主要由 BC 省政府提供，从 2008 年开始，省政府提供了总额为 2100 万加元的投资。2010 年，BC 省所属公共部门共花费 1820 万加元，向 PCT 购买了 73 万 t 碳权，使该省政府成为北美各省(州)第一个实现碳中和的行政区域。借助 PCT 这种公共性质的碳信托基金，BC 省各公共部门成功地完成了规定的减排目标。

在这种碳基金的运营模式中，PCT 充当了一个中介的作用，它将获得的碳权再进一步出让。PCT 针对不同的业务设立了不同的职能部门，共有 3 类。这些职能部门分别是战略收购部，其主要职能是选择合适的项目开发商以及合作商进行合作，合作的主要方式是为合作者提供专业技术指导与支持，对开发商和合作者的合格碳权指标进行购买；商业发展部，其职能主要是负责与供应商或客户的信息沟通，建立和维护客户关系，进行相关的培训及宣传工作，特别是跨行业部门的宣传；市场运营部，其主要职能是负责内部商业计划的规划和战略指导，主要是

---

① 这些公共部门囊括的范围较广，有政府部门和机构以及国营主管部门等，有卫生部门，还有大中小各级学校。

提供基于BC省内碳权的交易平台，向公共部门出售PCT所购买的碳权指标从而帮助他们实现碳中和目标。PCT经营的碳权项目主要分布在以温哥华为中心的全省各地；这些碳权项目主要有3类，包括林业碳汇项目、使用可再生能源项目、提高能源项目；这些碳权项目以林业碳汇项目最多，占到60%左右，其他两项各占20%左右。

为了使碳基金能够规范地运作，能够达到BC省的相关规定和实现其设立碳基金的目的，PCT制定了项目指南和项目开发规则及要求以指导项目运行。这些规则和要求包括4项检查、6项标准以及其他方面。4项检查是指在项目开始前，项目开发商必须根据《BC省碳权交易条例》(后称《条例》)进行4项检查，即对项目基线的开始时间、碳权的范围、碳汇的产权、碳中和的范围等相关方面进行检查，具体内容见表3-1。如果4项检查完全满足，那么接下来项目开发商还需检查自己的项目是否符合《条例》的6条标准，即范围、基线要求、方法学、额外性、核证、排他性等标准要求，具体内容见表3-2。对于购买来自PCT的林业碳汇项目碳权需求方，一方面要满足上述《条例》所规定的6条标准以及4项检查，另一方面还必须遵循《BC省森林碳权议定书》的相关要求。此处所述的林业碳汇项目具体包括4类：造林项目、再造林项目、改善森林管理项目以及减少毁林项目。

表3-1 **《BC省碳权交易条例》要求在项目开始前的4项检查**

检查项目	内　　容
①项目开始时间的规定	2007年11月29日之后
②碳权的范围的规定	必须是在BC省内所产生的碳权
③碳权的核定	项目开发商拥有碳权，且碳权清晰
④碳中和范围的规定	自水力发电项目除外

表 3-2 **《BC 省碳权交易条例》要求在项目开始前的 6 条标准**

项目标准	内 容
①范围	温室气体的种类:《京都议定书》认定的 6 种 GHG 计量单位:以 CO_2 当量(CO_2-e)进行计算 温室气体的区域来源:BC 省内 项目来源:包括森林碳汇
②基线要求	项目开发商按照《条例》规定的要求实施 来自项目的减排量必须可测量、可报告、可核查
③方法学	项目开发商必须提供项目的方法学; 提供项目产生的减排量的计算公式及计算过程
④额外性	对项目产生的减排量要用有无对比来确定其额外性; 确定项目实施的经济额外性、技术额外性等
⑤核证	核证机构:独立第三方 核证内容:项目计划,项目报告 核证依据:《条例》
⑥排他性	有限的碳权是没有用于其他碳中和用途的碳权; 碳减排量不能重复计算

3. 新西兰

新西兰是《京都议定书》以及《联合国气候变化框架公约》的缔约方,它一直积极采取行动应对气候变化。为了实现《京都议定书》的减排承诺,新西兰建立了碳交易市场。新西兰碳市场属于“限额和交易”(cap and trade)模式。在新西兰的碳交易市场里,林业碳汇扮演着重要的角色,新西兰的林业是最先允许进入碳市场进行交易并且获得补偿的行业之一。新西兰林业直接参与碳市场交易并且没有上限的约束。新西兰林主加入碳市场的步骤主要包括对碳汇项目进行登记注册、划定进行碳汇项目的林地范围、对项目的碳汇变化进行核算、对碳汇项目进行管理、将碳汇数据录入到排放情况报表、碳汇项目参与方申领新西兰单位、碳汇项目参与方交出新西兰单位 7 个步骤。从国家层面分析新西兰碳市场构成体系，可以发现该体系主要包括：总量限额目标的确定、参与者(参与行业)的确定、交易规则的制定、登记注册管理系统的建立、管理机构的确定、计量核算系统的建立、参与者的权利义务违规罚则等的制定 7 个方面的内容。

(1)确定减排控制目标

对于减排目标，新西兰具有总量的控制目标，该目标针对的温室气体是《京都议定书》规定的所有温室气体，参与减排的部门是所有部门，但这种减排目标的实现是分阶段逐步推行的。具体的碳权是如何分配的呢？在 2002 年气候变化以及 2008 年修正案的法律基础上，新西兰设计了具有针对性的碳排放配额管理制度。该制度有两大特点，一是“无上限、买配额”的基本原则，该基本原则是以配额为主线的。“无上限”指的是新西兰碳市场与欧盟碳市场虽然都属于“限量与贸易”市场模式，但与欧盟碳市场不同的是，新西兰碳市场对于碳权的交易没有规定具体的上限。如何理解有总量目标控制，在交易中没有上限限制？在 2008—2012 年的第一承诺期内，新西兰承诺的减少温室气体的“国家总目标”是将温室气体控制在 3566 万吨 CO_2 当量范围内，即与 1990 年的碳排放水平保持一致。但在碳市场进行交易中具体要完成的数额却没有规定，即没有“市场总量目标”，新西兰只是把碳市场作为完成减排任务的众多方式的一种。“买配额”是指采取发放免费配额，超过配额自行购买的模式。二是基于不同行业的不同特点，设计不同的配额管控原则。按照《京都议定书》规则，新西兰把碳市场管控行业分为 3 类：“汇清除”行业、“纯排放”行业、“基础性”行业。若是“汇清除”行业，则可以直接入市获取配额；若是“纯排放”行业，则需要的配额需要在市场上进行购买；若是“基础性”行业，则可以获得部分免费分配，超过免费配额的部分则需要在市场上购买。3 类行业的具体内容见表 3-3。

表 3-3 **新西兰碳市场的 3 类行业**

行业	特　点	配额分配
“汇清除”行业	主要增加碳汇的行业，增加的碳汇要符合《京都议定书》的相关规则要求，这类行业对经济的影响大。 林业碳汇属于该类行业，这里的林业主要是指 1989 年后的森林	免费+抵消
“纯排放”行业	是指碳排放量大、对经济影响小的行业。对这类行业的管制主要是降低其碳排放量。 该类行业主要包括固定能源行业以及液态化石燃料行业	购买
“基础性”行业	是指碳排放量大，对经济影响也大的行业。 这类行业主要是工业生产行业以及 1989 年前森林、农业、渔业等行业	免费+购买

新西兰在确定不同行业发放的配额时主要考虑两个方面的因素：一是部门所占经济总量与排放总量比重的高低；二是行业是否面临较大的国际竞争力。以林业部门为例，由于林业在国内经济所占权重较高并且是新西兰减缓气候变化战略的重要组成部分，所以可以“免费”进行配额补偿(1989 年前森林)、也可抵消工业排放(1989 年后森林)，即林业是“免费”和抵消制度同时并存的受偿主体。

(2)划定碳市场参与者

为确保补偿制度可持续发展，新西兰确定“行业分类覆盖、稳定市场运行”的机制，通过该机制划定市场参与者。具体而言，新西兰划定市场参与者主要从两个方面入手，一是分类管理，分类的依据是行业是否能够转移定价。如果该行业的生产具有不可转移定价的特点，那么就对该行业进行援助。具有这样特点的行业主要是 1989 年前森林、渔业、农业以及在工业中具有排放密集和贸易暴露的产业，这些行业可以免费领取配额，但是领取的配额不能高于该部门的排放量。如果该行业的生产具有可转移定价的特点，那么该行业就不具有接受援助的权利，不能够领取免费配额。具有这样特点的行业主要是电力、石油、废弃物部门以及其他的符合转移定价特点的行业及部门。二是对行业的管理以林业为主，循序渐进地进行推进。新西兰计划2008—2015年启动碳排放交易体系，这个交易体系分4个阶段逐步实施，最终国内所有的部门及行业均参与其中。第一个阶段，即启动阶段从2008年1月开始，纳入进来的行业是林业。两年后，即2010年7月启动第二阶段。在该阶段增加新的行业，主要是常规能源行业、交通燃料行业以及工业气体行业。再过3年，即2013年1月启动第三个阶段。该阶段纳入的行业主要是废弃物资源处理行业。在新西兰，农牧业最后加入碳排放交易体系，主要因为它是基础产业、是支柱产业，在所有的行业中碳排量最大，对经济的影响也大。比如2009年农牧业的温室气体排放量在全国比例达到46.5%。

(3)制定碳市场交易规则

新西兰碳市场交易规则主要体现在5个方面，一是确定交易单位的规定。新西兰规定了进行交易的统一碳单位，该交易单位是新西兰单位。二是对参与者参与碳项目的程序的规章制度的规定。其程序是先向中央注册系统申报，通过后进行登记及注册的一系列过程。三是对监管的相关规章制度的规定。它对碳交易的监管主要是全过程的跟踪记录。四是对参与方的上报制度的规定。碳项目参与方必须按要求对温室气体的减排情况如实上报，对森林增汇的情况如实汇报。五是关于新西兰单位管理规章制度的规定。按照规定如果企业产生碳排放，那么必须缴纳与之相对应的新西兰单位；如果该企业获得了碳汇，那么该企业可以获得与之相对应的新西兰单位；市场主体之间可以根据各自的情况进行新西兰单位的买卖。

新西兰碳排放交易体系对林业碳汇的交易规则实施了双轨模式，即“非抵消机制+一次性补偿”，这两种补偿方式分别针对不同类型的林业碳而设置。对于1989年后的森林，采用“非抵消机制补偿”的方式，即该类林业碳汇直接进入碳交易市场进行交易而获得配额补偿，且获得的配额没有上限的制约。这种交易是直接入市而不是通过抵消机制的交易。对于1989年前的森林则采取“一次性补偿”的政策，即通过立法赋予已有林一次性补偿的权利。新西兰给予的一次性补偿配额是5500万个新西兰单位，是免费给予的，折合新西兰元约为13.75亿新元，这个补偿是按照《京都议定书》的相关要求确定的。无论是“非抵消机制的补偿”，还是“一次性补偿”，都是为了降低碳汇生产者的生产经营成本，促进碳汇生产经营者努力采取措施减少毁林事件的发生。在进行具体的补偿额度分配时，要根据已有林的产权状况以及林主对森林拥有的时间年限来判断，这以相应的制度规范为依据。具体的制度规定主要以不同时间区域来进行：第一，如果是1989年前的合格森林，并且持有所有权到2002年10月31日及以后的，那么每公顷森林可以获得的新西兰单位是60个；第二，如果森林是1989年前的森林，但是其所有权在2002年11月1日及以后发生了转移，那么每公顷森林可以获得新西兰单位为39个；第三，如果是皇室森林，其产权在2008年1月1日及以后转让给毛利人部落的，那么每公顷森林可以获得的新西兰单位是18个，需要说明的是这种对毛利人的森林产权的转让是签订了《怀唐伊条约》的。

(4)建立登记注册管理系统

登记注册系统是碳市场顺利运营的核心技术支撑之一，通过该系统可以获得参与碳交易的信息收集及处理，政府部门可以通过该系统对碳市场进行管理。新西兰的登记注册管理系统就是中央注册系统。该系统具有4种功能：一是对碳权交易的参与者进行身份审查，主要识别申请者的身份及审批申请；二是向碳权项目的参与者分配碳交易账户、注册账户、持有账户；三是对参与者的碳排放情况进行核算，跟踪管理账户产生交易后的变动情况，检查退出碳市场的参与者账户实时归零的情况；四是保持与国际国内相关单位的技术连接，这些连接的网址主要是《联合国气候变化框架公约》以及国际碳市场的相关网站。

(5)明确管理部门

在新西兰对碳权市场的工作进行管理的部门主要有4个。一是经济发展部。该部门的主要职责是负责新西兰排放单位注册系统的管理工作；负责非林业部门的相关工作，主要是对来自该类部门的入市申请进行处理，对该类参与者的排放情况报表进行管理，对该类部门的履约情况进行管理及强制执行履约等工作；负责制订关于能源部门的气候变化财政预算等。二是环境部。该部门的主要职责是负责相关部门的新西兰单位的分配计划，主要是负责非林业部门、排放密集部门和贸易暴露实体、渔业以及林业部门的碳权分配；对气候变化的财政预算以及碳市场的金融预测和报告工作进行管理等。三是环境保护局。该部门的主要职责是负责经济发展部和环境部分散工作的管理，这个职能是从2012年1月1日之后开始执行的。四是农林部。农林部在新西兰的气候变化管理中起着重要的作用，该部门主要负责农林部门参与碳市场的相关工作，具体有5大工作。第一，负责制定该部门参与碳市场交易的规则，负责分配该部门的新西兰单位。第二，负责对该部门的入市申请进行审查以及该部门参与者的排放情况报表进行处理。第三，负责对所有森林碳汇项目的管理，对全国林业碳交易计划的绩效进行评估。第四，负责林业部门参与碳市场的履约及执行的强制工作。第五，负责提供林业碳汇项目及交易的相关信息，负责给相关的参与者提供专业的咨询服务。

(6)建立碳计量核算体系

碳计量核算体系是围绕碳计量的各种工作的集合，该系统主要对碳核算区进行划定、对碳汇进行核算、对碳排放情况报表的模板进行制订以及对参与者的技术指导工作给予咨询服务。碳计量的核算一直以来是阻碍碳汇市场建设的技术障碍问题，尤其对于森林碳汇市场的建立更是如此，但新西兰把该问题解决得很好，它的技术方便且实用，其内容主要有5个方面。其一，编制指南确定林地分类。新西兰汇编了林地的历史影像资料，对林地的分类给予了定义，对林地分类的时间界点进行了确定，以1990年为界，以1989年12月31日的林地影像资料为依据。

其二，编制林地图斑的碳核算指南。对林地进行制图，每一个图斑对应相关碳核算区，然后根据确定的碳核算区计量碳储量，最后保存于农林部，所有这些工作都由参与者自主完成，农林部给以指导。其三，编制进行森林碳储量计量的指南。根据该指南参与者可以自行进行计量，农林部提供相应的帮助。根据指南可知有两种森林碳储量的计量方法，该方法的分类按照造林面积及时间进行。对于1990年后的森林，如果面积小于$100hm^2$的，那么其森林碳储量的计量以速查表查表计算，该速查表是2008年气候变化林业规则提供的默认表，如果面积大于或等于$100hm^2$，其森林碳储量的计算要根据实地测量法特制的表作为速查表来进行计量；对于1990年前的森林碳储量的计量一律不采用实地测量法。其四，按照相应的造林方法学来决定林地碳计量的规定。按照树种及龄组的组合情况确定林地的优势树种及树龄，制定特殊的规则来计量碳储量。其五，关于注册登记的规定。参与者需要在系统里进行登记注册，在注册持有的账户中输入相关碳储量的数据及其变化情况。上面每一步的具体执行都有相应的技术指南提供指导，农林部也给予帮助，具体的指南见表3-4。

表3-4　　**新西兰技术支撑体系的6个指南**

指　南	用于目的
《林业参与碳排放贸易计划指南》	帮助拥有林地产权的所有者对碳排放贸易的有关基本情况进行了解，然后判断是否加入碳交易
《林业参与碳排放贸易计划土地分类指南》	帮助愿意加入碳交易的林地所有者判断林地类型，即判断是属于1990年前森林还是1990年后森林
《参与碳排放贸易计划的林地制图指南和地理空间制图信息标准》	林业所有者参加碳交易时，需要获得的林地基础信息可以在此指南中查得。帮助参与者完成林地制图，完善该林地的基础信息库
《林业参与碳排放贸易计划查表法指南》和《林业参与碳排放贸易计划的实地测量方法和标准指南》	指导参与碳交易的林业所有者通过查表法（项目规模$100hm^2$）、实地调查法（项目规模大于等于$100hm^2$）来计算森林碳储量

续表

指　南	用于目的
《1990年前森林新西兰单位的分配和免除》	主要是为1990年前林地的所有者提供服务，对该类林业进行森林保护的成本、避免毁林的成本给以一定的补偿
《排放贸易计划中的林地交易》	主要规定林地所有者参与林地及碳汇的交易时，交易各方在碳市场中的权利、义务便发生了变更，交易各方必须承担相应的权利义务及其变更

(7)立法规定参与者权利义务及违规罚则

在《2002年气候变化法》及2008年修正案中都有对参与者的权利和义务，以及违规的罚则的具体规定。综合起来，新西兰林主的权利可以归纳为3个大的方面：第一，可以将增加的碳汇依据一定的程序和规则变成新西兰单位在碳市场进行交易的权利；第二，对于碳交易具有自愿参与权、对于交易的相关信息等具有获取交易信息等权利；第三，具有免费享有农林部专家提供的有关林地制图、碳汇计量等方面服务的权利。

碳汇林主的义务有5个方面，共同义务有3个，有2个是特定对象的义务。首先来看特定对象的义务。第一，1990年后森林加入碳市场后必须遵守6条规则，即对发生采伐、毁林、灾害、林地转让、他方造成的碳信用损失、参与后又退出等行为的处理方法进行了规定，具体内容见表3-5。第二，1990年前森林一旦加入并申领碳交易单位后，必须遵守5个规则，即对采伐、毁林、树林死亡、中途退出、林地转让等情况的处理方式作出了规定，具体内容见表3-6。在新西兰把碳汇林主分为两类，即1990年的森林林主以及1990年后的森林林主，对于这两类林主，他们共同的义务具体表现在3个方面。第一，将碳交易账户的"单位结余"归零的义务。"单位结余"是指进行碳交易的记录在新西兰单位的核算结计余额。"单位结余"的情况有两种，一种是当森林碳汇退出碳市场时候必须进行结余归零。按照要求，如果林主退出碳市场，则必须提交一份规范的排放情况报告，在该报告中必须交代截至退出之日的“单位结余”，这个结余必须为零，若大于零，必须交出。另一种情况是进行交易的土地、林权、林地在到期或者租约转让时“单位结余”必须归零。如果租约转让等情况发生后，森林碳汇依然参与碳市场交易，那么“单位结余”和继续履行碳交易的有关义务则由新参与者接续、负责。第二，提交森林排放报告的义务。从时间上看，提交的森林排放报告有月报、季报和年报。森林排放报告的编制主体是森林碳汇主体，碳排放量采用自我评估的方式评估，方法参照 IPCC 方法，政府部门对这些报告进行审核①。第三，参与森林碳汇碳池储备等保险的义务。为避免因采伐、自然灾害等原因造成的碳信用损失，新西兰建立了森林碳汇碳池储备等保险制度。林业参与碳市场有 3 种保险模式，林业参与碳市场需选用一种模式②。

---

① 森林报告制度的具体做法分 3 步，第一，参与者将计量的碳储量变化情况报告给农林部，农林部进行碳储量的基础数据库建设，这个基础数据是核算参与者增汇或者毁林的基础数据。其中碳储量的计量是根据碳核算区为单位进行的。第二，农林部建立每个参与者的排放情况报表，对每个参与者参与碳市场全过程的情况进行报告，具体内容主要有每一个核算年度毁林排放或森林碳汇增加的具体情况，参与者进入和退出碳市场的时间，第一承诺期森林排放或增汇的数据等。第三，按照不同森林类型，即是 1990 年之前的还是 1990 年之后的森林，区分排放情况报表报告的范围。

② 新西兰林业的保险模式有 3 种，一是碳池，是将小规模碳汇项目组合形成一个碳汇项目组合或者集合，将这些小规模的碳汇项目的所有者作为一个集体，选定一个经理人来对碳池进行管理、监测、报告和交易碳储量。通过这样的集合可以分担风险、降低成本、节约费用。二是缓冲型碳汇储备金，也叫“自保险”机制。这种机制在平时会提取一定比例的储备金用以防止灾害损失、模型计算误差等原因造成的碳汇量较少而可能承担的碳金融负债。储备金的具体比例由各项目商根据风险评级水平来决定。三是地块均化。根据鸡蛋不要放在同一个篮子里的原理，碳汇拥有者可以选择多个不同性质的地块进行搭配以平衡因为某些地块被砍伐、修枝或灾害导致的碳储量减少，从而造成碳金融负债。

表 3-5　　**1990 年后森林加入碳市场后须遵守的 6 条规则**

序号	适用情况	具体内容
规则一	采伐已申领碳交易单位的森林	采伐森林造成的碳汇的损失必须偿还。若碳交易单位有余额，则用余额偿还，若没有余额，则在市场购买进行归还
规则二	对毁林之后的第二轮造林	在第一轮造林的申领的碳交易单位全部归还，第二轮造林获得的碳交易单位重新申领
规则三	需要采伐已申领碳交易单位的森林	提前分批购回或者一次购回需要的碳交易单位，然后存放于排放单位注册持有账户中，待采伐需要时使用
规则四	对于申领碳交易单位的森林发生数林死亡状况	对于释放的碳需要归还，用已经申领的碳交易单位归还
规则五	中途退出森林碳汇交易的状况	对于拟退出的森林的碳信用需要进行清偿
规则六	参与森林碳汇交易的森林的转让	碳权益跟随林地权益一同转让

表 3-6　**1990 年前森林加入并申领碳交易单位后，必须遵守的 5 个规则**

序号	适用情况	具体内容	除外情况
规则一	参与后若发生采伐、人为或自然灾害导致林木死亡、毁林，如果申请免除的例外	应对所获得的碳信用进行归还①，同时对造成的碳排放要进行补偿。若重新造林可获得新造林的碳交易单位	申请免除的除外

① 要么是按一定价格折算的现金，要么是从其他碳信用所有者购买的碳信用。

续表

序号	适用情况	具体内容	除外情况
规则二	对于没有参与森林碳汇的林地权益人，如有采伐、人为或自然灾害导致林木死亡、毁林的	按照国家的有关规定对于该行为造成的碳释放进行碳信用的赔偿	申请免除的除外
规则三	若是由于第三方毁林或者其他行为导致损失碳信用的	林权所有者按照相关标准要求第三方赔偿碳信用损失及其他损失	无
规则四	中途退出森林碳汇交易的状况	对拟退出的森林碳汇的碳信用要清偿	无
规则五	参与森林碳汇交易的森林发生转让	碳权益随着林地的转让一同转让	无

以上义务是林业碳汇参与者必须遵守的，如果不遵守会遭受惩罚。惩罚有经济惩罚、民事或者刑事责任的惩罚。按照规定，如果林业碳汇参与者在交易的过程中不遵守相关的市场规则，那么就会受到相应的违规惩罚，这种惩罚主要表现为承担造林的义务、偿还碳交易单位的义务甚至可能承担民事及刑事责任。如果有森林碳汇参与者故意不提交符合要求的碳排放单位，那么该林主面临的处罚有两方面，一是需要交高一倍的补偿额和60美元/tCO_2-e的罚金，二是面临被定罪的可能。

4. 澳大利亚

澳大利亚的碳交易市场是固定碳价碳，即碳税市场。该市场于2012年7月1日开始运行。澳大利亚本来计划固定碳价碳市场运行一段时间后，规划的是3年后再实行浮动碳价碳市场。但是由于固定碳价碳市场在运行的过程中的一系列问题，浮动碳价碳市场被迫提前1年实施，即在2014年启动了国家碳市场。澳大利亚在碳权交易体系构建的准备阶段，就对本国的温室气体排放情况进行了摸底，其统计体系与中国的温室气体清单编制工作类似，主要是一些具体的行业领域的相关参数的获取与统计。对于林业碳汇如何参与碳市场，澳大利亚通过单独立法支持其以"抵消机制"间接参与碳市场。

澳大利亚林业碳汇市场运行的机制特色主要体现在4个方面。其一，单独立法。澳大利亚对林业碳汇市场的单独立法的法律是《2011碳信用(低碳农业倡议)法案》①，该法案的基础是2011年的《清洁能源法》(CELP)。在《2011碳信用(低碳农业倡议)法案》中，澳大利亚对参与碳市场的碳汇项目进行了相应的单独规定：主要是合格标准的规定、方法学以及审查等方面的规定。该法案规定林业碳汇碳市场先以项目形式获得ACCUs②，然后在碳市场进行交易。这种交易主要用于工业减排，但是抵扣的额度不能超过工业减排的5%，这又限制了碳汇的发展。

其二，碳税及许可证管理。澳大利亚的碳市场的碳价采用固定碳价的政策或者说实施碳税政策的主要目的是促进工业、能源等部门及行业的实质性减排，促进新能源的开发以及工业能效的提高，对碳汇项目的补偿只是辅助性或附带的目的，因此是小规模的补偿。碳税及许可证管理的主要内容体现在3个方面，①征收碳税的领域：国家重要的"控排行业"。在澳大利亚温室气体排放主要集中在一些大行业，这些行业的排放总和占国家排放总额的70%以上，这些行业主要是能源、交通、工业加工以及非传统废弃物和排放物等行业，这些行业是国家的"控排行业"。那么如何确定"控排行业"中的"控排企业"呢？如果"控排行业"中的企业CO_2年直接排放量达到2.5万吨以上，则是控排企业。在澳大利亚符合这个"控排企业"标准的企业大概有500家。②支付碳税

① Carbon Credits(Carbon Farming Initiative) Act 2011。

② 澳大利亚碳信用单位。

的方式："排放许可证"。每个许可代表1吨温室气体的排放量，每个企业拥有多少排放许可由政府发放决定。政府的许可，需要支付固定价格购买才可发放，这种发放的许可有上限的要求，最大量为企业每年合规的排放量。③控排企业超额排放的处理：一是争取得到援助，二是用来自农林业碳汇项目的 ACCUs 进行抵偿。无论是援助还是抵偿均是有条件的。对于减排企业获得的援助会受到援助范围的限制，资金上也会受到约束。若减排企业采用抵扣的方式，抵扣的额度必须小于其需求量的5%。由于是单独立法进行规定，法案的刚性要求促进了电力行业、工业行业等的实质性减排，但购买碳汇抵偿有严格上限，导致排放源转移定价间接推高物价，导致民众不满意。

其三，补偿政策。为了阻止"许可证收紧过快"从而导致减排企业成本的增加，引起电价上涨，从而带动一系列产品价格上涨，最终导致物价上涨的局面，政府决定对林业碳汇进行补偿的比例突破5%。为了降低碳减排成本，期望从25.4澳元/吨降到每吨6澳元。2014年7月澳大利亚一方面对林业碳汇的抵消限额做了调整，另一方面启动碳排放交易全国市场。对于林业碳汇限额的突破，体现在澳大利亚政府在2013年7月《清洁能源立法修正案》中的相关制度中。①农林业碳汇项目争取在 ACCUs 的上限突破5%的限制，可达无限。②增加国际碳汇项目履约的灵活性。如果企业超排，允许其在国际碳市场购买一定额度的碳单位来进行抵补或履约。具体的额度限制针对不同的碳单位有不同的规定。如对来自 EU-ETS 的 EUAs，规定使用的额度以该企业应该清偿的年总碳负债的50%为限。如来自京都机制的碳单位，则以6.25%为限。当然这个额度在不同的时期可以调整，如政策规定到2015年7月1日后可以达到12.5%的限度。③允许存入和透支。调整后的交易形式更具灵活性，不仅仅是现货交易，还允许企业进行 ACCUs 的事先存入，也允许企业透支碳汇项目未来的 ACCUs，不过透支有额度的限制，一般以5%为限。如在2014—2015年的碳负债中，企业可以将其2015—2016年的碳单位透支以抵补，抵补的额度最多为2014—2015年碳负债的5%。

其四，碳汇林业项目的规划与开发上注重综合生态效益。在对农林类碳交易项目进行开发时，澳大利亚把土壤碳库的变化量作为一个重要指标，纳入碳汇的计量及碳汇林地的规划之中或选址之中。澳大利亚这样做，是因为他们对土壤碳汇的计量与改善方法进行了大量研究，认为土壤碳库变化量对规划农林碳汇项目是非常重要的需要考虑的因素，同时在土壤碳库测量的技术手段方面也具有国际领先水平。比如，碳汇项目的开发必须考虑土壤碳监测的精度与成本之间的关系，澳方专家对此进行了相关性研究，为项目实际应用中的成本有效性提供了借鉴。另外澳大利亚在开发林业碳汇项目以及在对碳汇造林项目的规划进行考虑时，还充分考虑碳、水平衡的问题，结合不同区域的降雨量情况，对适宜进行碳汇营造林的区域进行规划，非常注重碳汇项目开发区域的生态合理性布局。

3.3 中国

3.3.1 市场机制的运行状况

国内碳市场是随国际碳市场的发展而发展的。由于国内没有《京都议定书》的强制减排义务，所以我国的强制减排市场是单边市场。为了减缓与适应气候变化，我国2015年开始启动的碳市场中林业碳汇市场的碳抵消额度非常小，林业碳汇市场以志愿市场为主。

1. 志愿市场的基本情况

2011年碳市场在地方试点，到2015年的时候已经开始上线运行国家碳排放权交易注册登记系统，该系统的核心功能主要是实现自愿减排项目 CCER① 的签发、持有、转移以及注销等。自愿减排项目 CCER 可以是林业或者非林业 CCER，其中林业 CCER 项目初审单位是地方发改委，初审成功后转报国家发改委审核备案以及签发。

林业碳汇项目如果要提供合格的碳汇，该项目必须依据相应的标准或要求进行造林，即方法学。碳汇造林的方法学由发改委来进行发布。2013 年至 2015 年 3 月，共有 8 个相关碳汇项目设计文件在中国自愿减排交易信息平台上公示，其中碳汇造林项目 6 个、森林经营碳汇项目 2 个。这些方法学的公示期集中在 2014 年底和 2015 年初，项目地域分别是广东、北京、河北、黑龙江、江西、内蒙古等地。

中国绿色碳汇基金会网页中的碳汇项目主要包括：林业碳汇项目、专项基金项目、“绿化祖国·低碳行动”植树节、碳中和项目、国际合作项目。具体而言，中国绿色碳汇基金会推动发展起来的林业碳汇项目有：广东长隆碳汇造林项目、伊春市汤旺河林业局 2012 年森林经营增汇减排项目(试点)、北京市房山区碳汇造林项目、浙江临安毛竹林碳汇项目、青海省 2012 年碳汇造林项目、广东省汕头市潮阳区碳汇造林项目、广东省龙川县碳汇造林项目、甘肃省定西市安定区碳汇造林项目、甘肃省庆阳市国营合水林业总场碳汇造林项目、香港马会东江源碳汇造林项目等。

华东林权交易所挂牌了一些林业项目，综合网站平台的相关信息将部分已经成交的林业碳汇项目的具体情况列出，具体见表 3-7。综合表中的项目情况，这些林业碳汇项目的交易价格一般在 30 元/吨左右的价格，交易量在 1000~5000 吨，项目业主主要是各地林业局，方法学主要是中国林业碳汇项目造林方法学等，审核单位主要是中国林科院科信所中林绿色碳资产管理中心等，碳汇集两单位不太固定。

---

① 根据国家发改委《温室气体志愿减排交易管理暂行办法》，按照国家发改委公布备案的方法学实施项目，由国家发改委批准的审定核查机构审核通过，就可成为“中国核证减排量”，进入国内碳交易市场，该核证减排量即 CCER。

表 3-7　　国内自愿市场部分碳汇项目状况：已交易

项目名称	项目业主	碳汇计量单位	审核单位	方法学	购买单位/成交价格及成交量
伊春市汤旺河林业局2012年森林经营增汇减排项目(试点)	伊春市汤旺河林业局	北京林学会与北京凯来美气候技术咨询有限公司	北京中林绿汇资产管理有限公司	中国绿色碳汇基金会《森林经营增汇减排项目方法学(第一版)》	河南勇盛万家豆制品公司，购买价格30元/吨
广东省龙川县碳汇造林项目	龙川县林业局	华南农业大学林学院	中国林科院科信所中林绿色碳资产管理中心	中国林业碳汇项目造林方法学	—
广东省汕头市潮阳区碳汇造林项目	汕头市潮阳区林业局	福建师范大学	中国林科院科信所中林绿色碳资产管理中心	中国林业碳汇项目造林方法学	—
甘肃省定西市安定区碳汇造林项目	甘肃省定西市安定区林业局	国家林业局林产工业规划设计院	中国林科院科信所中林绿色碳资产管理中心	中国林业碳汇项目造林方法学	—
浙江临安毛竹林碳汇项目	浙江农林大学	浙江农林大学	中国林科院科信所中林绿色碳资产管理中心	中国林业碳汇项目竹子造林方法学	中国建设银行浙江分行，价格30元/吨，主要用于碳中和
北京市房山区碳汇造林项目	北京市园林绿化国际合作项目管理办公室	北京林业大学	中国林科院科信所中林绿色碳资产管理中心	中国林业碳汇项目造林方法学	1500吨CO_2，履责单位益海嘉里(北京)粮油食品工业有限公司，价格为30元/吨
广东长隆碳汇项目	广东翠峰园林绿化有限公司	—	中环联合(北京)认证中心有限公司	《碳汇造林项目方法学》	广东粤电环保有限公司购买5208吨碳汇，实现国内CCER第一笔交易

2. 强制市场

在强制市场里，林业 CDM 项目通过各地方发改委初审转报国家发改委批准备案后，报送 EB 注册或项目减排量签发，经过 EB 签发的碳汇量可以在强制市场进行交易。

总体而言，我国林业碳汇在强制市场的发展非常有限，主要表现在以下几个方面。一是林业碳汇项目有限。自 2004 年以来，国家发改委批准的林业 CDM 项目总数目有 5 个，分别为：中国广西珠江流域治理再造林项目，中国四川西北部退化土地的造林再造林项目，中国广西西北部地区退化土地再造林项目，诺华川西南林业碳汇、社区和生物多样性造林再造林项目，以及中国辽宁康平防治荒漠化小规模造林项目。这些批准的项目中有 4 个在 EB 成功注册，即前面的 4 个，注册的时间分别是 2006 年 11 月、2009 年 11 月、2010 年 9 月，2013 年 9 月，注册的林业碳汇项目占我国成功注册的减排项目总额的 0.11%。另从中国清洁发展机制网查得，截至 2015 年 12 月底，仅广西 2 个林业碳汇项目的碳减排量获得 EB 签发，年签发减排量占我国所有项目年签发减排量的 0.02%。在林业碳汇项目的发展过程中，有些项目在选址、资金安排等方面已经做了大量的准备，但是由于没有找到合适的买家，项目还没开始实施。如山西石壁山区造林计划，该项目是由民营企业自发发起的，拟以自筹、银行贷款、产品购买方共同出资来从事项目计划，其中计划安排自筹资金 3702 万元，争取产品买方以预付的方式投资 1653 万元，争取从银行获得 2000 万元的长期贷款。中国 CDM 碳汇项目的具体情况见表 3-8，从表中可以看出这些林业碳汇项目的年减排量一般较大，造林再造林的规模较大，投入资金规模较大。二是强制市场的林业碳汇项目主要是造林再造林项目，即林业 CDM 项目，林业 REDD+项目几乎没有，所以在强制市场里的林业碳汇项目的类型十分有限。

表 3-8 中国 CDM 碳汇项目的发展(减排量单位：tCO_2-e)

项目名称	资金投入情况	业主	合作方	估计年减排量	简介
诺华川西南林业碳汇、社区和生物多样性造林再造林项目	用未来碳汇量资金提前支付	四川省大渡河造林局	诺华制药公司	40214	2013 年 8 月注册，减排企业直接参与项目的机制
中国广西西北部地区退化土地再造林项目	世界银行提供贷款资金	广西隆林各族自治区县林业开发有限责任公司	国际复兴开发银行，生物碳基金	70272	2008 年 4 月通过 DOE 认证，2008 年 9 月通过国家发改委审查，11 月正式批准
中国广西珠江流域治理再造林项目	世界银行生物碳基金预付 2000 万美元碳汇收入	环江兴环营林有限责任公司	International Bank for Reconstruction and Development	20000	2006 年 11 月注册
中国四川西北部退化土地的造林再造林项目	天然林保护工程资金垫支	大渡河造林局	—	26000	2009 年 11 月注册，国家补贴造林与林业碳汇项目捆绑实施
中国辽宁康平防治荒漠化小规模造林项目	—	康平县张家窑林木管护有限公司	庆应义塾	1124	到 2005 年已经完成了 39km 林带造林任务，面积大约 539hm^2

3.3.2 案例

1. 中国绿色碳汇基金会

中国绿色碳汇基金会的前身是中国绿色碳基金。中国绿色碳基金在

2007年建立，该基金主要为植树造林、森林经营保护活动提供资金支持。随着林业碳汇在减缓与适应气候变化中的作用日益突出，以及中国绿色碳基金为政府、企业、组织及个人提供的良好平台作用，催生了中国绿色碳汇基金会。该基金是公益性基金，基金的主要用途是气候变化、减排增汇，该基金于2010年7月成立，是国务院批准的。此类性质的基金在全国仅此一家。

中国绿色碳汇基金会为民间资金进入林业发展提供了渠道，是民间资金进入的主要渠道之一。国内自愿林业碳汇项目在中国碳汇基金会的支持下得到了较快发展，这些项目的发展通过碳汇专项基金获得资金、技术等方面的资助。中国绿色碳汇基金会通过专项基金会的发展方式在各省进一步发展，截至2016年发展的碳汇专项基金会有21个，主要分布在广东、山西、北京等地。专项基金会的职责和功能主要表现为对自愿进行的碳汇项目提供资金资助以及基础知识的培训，这些碳汇项目主要是碳汇造林项目、森林保护项目、森林经营项目。这些林业碳汇项目的碳汇吸收量(CCER)经过认证即可以进入国内碳交易市场向公众出售。比如，2011年国家林业局批准在浙江省开展林业碳汇交易试点，中国绿色碳汇基金会积极参与该试点工作，它通过与华东林交所合作尝试造林和森林经营碳汇减排量的自愿交易，最终获得成功。

中国绿色碳汇基金会对林业碳汇项目给以资金支持，对于林业碳汇注册平台着手进行建立，对于林业碳汇志愿减排交易系列标准和规则等进行研制。通过中国绿色碳汇基金会的碳汇营造林项目的不断实践以及探索，对于林业碳汇项目已经初步形成了从生产、计量、审定、注册、交易、监测、到核查等一套较为完整的管理体系。

2. 农户森林经营碳汇交易体系

“农户森林经营碳汇交易体系”项目组由中国绿色碳汇基金会、浙江农林大学、浙江省临安市林业局、华东林业产权交易所等单位联合组成。试点地区在浙江省林安市，叫“碳汇林业试验区”。该试点项目得到国家林业局批复，批复的时间是 2010 年 10 月。该项目的启动及实施得到中国绿色碳汇基金会的帮助及指导。① “农户森林经营碳汇项目交易体系”基本建成的时间是 2013 年，然后开始在临安市进行试点。《农户森林经营碳汇交易体系》的发布时间是 2014 年 10 月 14 日，发布单位是中国绿色碳汇基金会和临安市政府。按照该交易体系的交易规则，第一期试点的 42 位农户经营的碳汇项目减排量进行了交易，是在交易体系发布的现场促成的交易，这些交易的碳汇减排量来自 256. 5hm^2 的林地，这些林地包括竹林、经济林、用材林和公益林。

“农户森林经营碳汇项目注册”平台是进行农户森林经营碳汇项目的网络系统，专门为参与该项目的农户开设，该平台由中国绿色碳汇基金会和国家林业局调查规划设计院研发设立，是林业碳汇项目注册管理系统的一部分。农户森林经营碳汇交易体系包括 6 个部分：①农户根据政府部门的规定，主要是对参与者的进入条件以及进入后应该承担的责任，来判断其是否参加森林经营碳汇交易体系；②按照发布的规则标准，对农户经营项目的特点进行确认；③对每位参与项目农民拥有的森林，按照方法学碳汇计量的相关要求进行详细的碳汇预估；④由具有资质的第三方根据规定对碳汇量进行审定核查、注册；⑤注册后，项目的参与者可以获得“碳汇登记证”，该登记证是由当地林业部门发放的，是用来填制碳汇预估量以备后期交易等用途的凭证；⑥农户业主托管到华东林权交易所把他的林业碳汇签约挂在交易所进行交易。只要是具备对外公开出售资格的森林经营的碳汇减排量，个人以及企业都可以购买以进行碳中和或消除碳足迹。如果交易成功，农户便获得碳汇交易证。上面 6 个部分的具体内容有相关单位制定相应的规章制度对其加以规定说明，具体见表 3-9。

---

① 农户森林经营碳汇项目是指在确定了基线情景的林地上，以增加森林碳汇为主要目的，采取一种或几种有别于基线情景的经营管理措施，并对其活动过程实施碳汇计量和监测有特殊要求的森林经营活动。

表 3-9 **农户森林经营碳汇交易体系文件**

编制单位	文件名称	目 的
地方政府部门	《××市(县)农户森林经营碳汇项目管理暂行办法》	对进入交易体系的参与者的规则的制定：进入条件及进入后的责任
浙江农林大学	《农户森林经营碳汇项目方法学》和《农户森林经营碳汇项目经营与监测手册》	制定关于碳汇项目方法学的一般规则
中国绿色碳汇基金会和北京林业大学	《林业碳汇项目审定与核证指南(LY/T 2409—2015)》	第三方审定核查、注册的相关规定

对于该体系的参与者需要按照对于该项目的基本要求进行森林经营，这些基本要求主要如下。①多目标兼顾。增加碳汇是该项目的主要目标，同时对于生物多样性保护和防止水土流失等问题也特别重视。②开展森林经营活动要按照基本规定开展，要服从管理。从技术上要严格按照方法学造林以及项目设计文件中的要求进行经营，在管理上要服从技术支持单位以及林业主管部门的监督和管理。③参与项目的林地用途不得更改。为了保障项目期内林地的稳定性，林地的用途不得更改，不得在项目边界内从事在项目设计文件里没有许可的活动。④严防在项目边界内出现森林火灾和重大森林病虫害事件。要采取措施严防森林火灾及重大森林病虫害事件的发生，一旦发生，要立即上报林业主管部门，上报的主要信息是发生的时间、地点以及强度等，这些都要做好记录。⑤不得进行全面清林和炼山等活动。在项目的经营过程中，如果需要对林下灌木、草本、藤本等进行割除，可将这些割除的杂物平铺在林地里，但不能将它们移出林地，也不能进行焚烧；对于林地里出现的枯死木和地表枯落物也不能移出林业，也不能进行焚烧。⑥要尽量对森林土壤减少扰动以及控制扰动。在对森林碳汇项目开展经营的时候，尽量不

要扰动土壤，如果必须扰动，应该按照生态经营以及水土保持的要求进行。具体而言，需要限制每次扰动的土壤面积，对于不同的林地这个面积不一样，需要按照相关要求进行。如果需要扰动的是乔木林，那么每次扰动要把面积限制在地表面积的10%以内；如果需要扰动的是竹林，那么要把每次扰动的面积限制在地表面积的50%以内。⑦参与者必须遵守国家以及地方政府有关森林经营的法律、法规政策措施等的规定。⑧资料的记录与回报。在项目期间，各参与者对各次森林经营活动要进行详细记录，对于农户森林经营活动监测记录表要认真规范填好，并及时上交这些资料。⑨对于技术问题的处理。如果遇到技术方面的问题，参与者需要与项目技术支持单位及时联系，或者与林业主管部门及时联系，并做好配合工作。⑩要进行宣传。特别是项目周边的林农是进行碳汇林宣传的主要对象，要积极主动向他们宣传碳汇林的意义以及政策措施等。

3. 试点交易的7省市做法

国家正式提出要建立国内的碳交易所是在2008年，是由国家发改委提出的。经过两个季度的筹备，北京环境资源交易所成立，此后上海、天津环境资源交易所也相继成立。随后碳汇项目及交易工作进一步发展，2011年11月，国家发改委确定把北京、上海、湖北、广州、深圳、天津、重庆2省5市作为正式开展碳排放权交易试点的省市。经过2年的准备，2013年底这些省市陆续启动了各自的碳权交易市场。其中第一个碳交易试点于2013年6月18日在深圳正式启动，截至2014年6月末，中国的7大碳交易试点均已建立并启动运行。其中2014年建立的是重庆碳排放权交易中心和湖北碳排放权交易中心。还有5家是在2013年建立的，它们是天津排放权交易所、广州碳排放权交易所、北京环境交易所、上海环境能源交易所以及深圳排放权交易所。借鉴欧盟排放交易体系的做法，中国7个碳交易试点均实施总量控制下的碳排放权交易，同时接受国内核证的自愿减排量抵消碳信用。

试点地区碳权交易主要的工作成就表现在形成了一套较为完整的碳权交易方案及制度，这些方案及制度主要集中在：对碳排放权交易试点工作的实施方案进行了制订，对碳排放权交易管理办法进行了制定，对要控制的碳排放总量目标进行了确定，对交易范围及产品进行了确定，推进了碳排放配额的分配工作，推进了碳排放报告及核查体系的建立工作，对注册系统及交易平台进行了构建，对相关能力的建设工作的推进等。各省市对于这些制度和方案的设计不一致，北京最为全面，其他各省或市有所缺项，具体见表3-10。那么试点的情况如何呢？截至2014年底，除重庆和湖北外，其余5个试点地区顺利完成年度履约工作。

表3-10　**全国7个碳交易试点工作进展统计(截至2014年12月31日)**

省市	深圳	上海	北京	广东	天津	湖北	重庆
碳市场启动时间	2013年6月18日	2013年11月26日	2013年11月28日	2013年12月19日	2013年12月26日	2014年4月2日	2014年6月19日
人大立法	✓	—	✓	—	—	—	—
管理办法	政府令	政府令	通知	政府令	通知	政府令	通知
核算报告指南	✓	✓	✓	—	—	—	✓
核查机构管理办法	—	✓	✓	—	—	—	✓
核查机构名单	✓	✓	✓	✓	✓	—	✓
纳入单位名单	✓	✓	✓	✓	✓	✓	—
配额分配	✓	✓	✓	✓	✓	✓	✓
碳抵消额度	10%	5%	5%	10%	10%	10%	8%
2014年履约率(%)	99.4	100	97.1	98.9	96.5	—	—

注：“✓”表示有，“—”表示没有。

在试点的这些碳权交易市场中进行交易标的均为CO_2排放权，包括直接的排放权、间接的排放权以及CCER①。这些交易标的主要以配额

① 中国核证减排量。

为主。企业的配额由政府等管理部门规定，企业取得配额的方式在起初两年是通过免费获得，多余的用不完的可以在市场上出售，超配额排放的需要在市场上购买以抵消；两年之后采取部分免费部分拍卖的方式获得配额，通过拍卖获得的配额会随着时间的推移逐渐增加。企业被分配的配额数量是按照企业历史排放水平以及行业基准水平、减排潜力等综合情况进行分析而确定的。被给予配额的企业是控排企业，控排企业的确定由各地根据碳排放及能源消费状况来确定。被纳入的控排企业如果超额排放，会得到相关部门的处罚，主要是对超额的碳排放量按照市场均价的3~5倍予以处罚。在这些试点省市的碳权交易市场中都没有把林业行业纳入配额管理，但是都留下5%~10%的额度给配额外的CCER，即控排企业可以购买配额外的碳CCER进行碳抵消，如果排放超量的话，购买的限额为本单位年初发放配额总量的5%~10%的CCER，配额外的CCER包括工业减排量以及林业碳汇量，这为林业碳汇参与交易提供了一定的空间，具体配额分配见表3-10。

3.4 比较分析评价

3.4.1 共同点

其一，无论是发达国家还是发展中国家，无论是有具体任务还是没有具体减排任务，基本上所有的国家都在为减缓和适应气候变化而努力，都在根据自己的实际情况做出相应的安排。

其二，国内外的碳汇价值实现机制主要以市场机制为主，通过抵消机制参与强制碳减排市场中进行交易或者在自愿交易市场进行交易。交易的是具有额外性等经过第三方经营实体核查、核证，已登记签发的碳汇。碳汇市场的规模受到“抵消机制”中对于碳汇抵消的比例的规定的影响。

其三，在市场机制中有自愿市场和强制市场，林业碳汇有 CDM 项目、REDD+项目及其他项目。国内外的碳汇市场主要以自愿市场为主，REDD+项目逐渐占主导。自愿碳市场的交易规模经过波动之后在逐渐增加，交易额在增加，但是交易价格相对而言偏低。

其四，无论是自愿市场还是强制市场均有一套技术支撑体系，即方法学、计量、核证等技术环节，交易过程较为复杂，涉及的部门或者利益相关者众多。自愿市场的技术支撑体系以强制市场为基础编制而成，是林业 CDM 机制在各个国家或地区的衍生。

其五，在碳排放权的分配上主要采取免费发放、拍卖或者免费发放与拍卖相结合的方式进行配额的分配。

3.4.2 存在的问题

我国林业碳汇存在以下问题，问题一，林区基础设施建设滞后，林业碳汇资金来源渠道单一。我国林区的基础设施落后，主要表现为道路、电力以及供水严重不足。以道路为例，发达国家的林区道路密度平均大约在 40 m/hm^2，我国平均为 4.8 m/hm^2，即便是一些条件相对较好的林区，其道路的平均密度也没有达到发达国家的平均水平，只有 10 m/hm^2。基础设施建设不足主要是林业资金供应不足引起的。我国林区经济相对独立，林区的基础设施投入主要依靠森工企业。由于这些年森工企业的效益不好，投入基础设施的资金更是捉襟见肘。现在发展的林业碳汇项目的资金援助主要来自于中国绿色碳汇基金会，该援助资金对于碳汇项目本身发展而言远远不够，更不能满足基础设施的建设。落后的基础设施，使营林成本过高，新技术难以推广，影响林业碳汇的发展。

问题二，林业碳汇供需不畅。林业碳汇可以说是一种经济发展、环境发展、能源发展甚至是政治发展的综合产物，界定这种产品、分配额度、抑制排放是一项复杂的综合工程，无论对该产品的需求或者供给均是政策驱动下的产物。由于碳汇市场发展历程不长，特别是林业碳汇市场的发展更是有限，林业碳汇需求量主要来自于政府或者企业对减排的强制性规定，交易价值是由买卖双方协商定价为主，碳市场的流通性不高，发达国家的碳市场相对较成熟，我国碳市场远未达到发达国家的成熟稳定。

从需求方面看，我国林业碳汇参与碳市场主要是通过抵消机制进行的，我国碳市场对林业碳汇、工业减排的抵消有额度限制。所以说“接口单一和上限控制”是我国林业碳汇在碳权市场中受到的双重限制。因为现在企业减排动力普遍不足以及面临着来自工业减排碳权的竞争，这种双重控制的额度很难用完，对林业碳汇的需求非常有限。为了促进社会增加对林业碳汇的需求，也是为了环保的目的，中国绿色碳汇基金会采取了一系列措施，比如推进会议碳中和行动，推进个人碳汇车贴行动，捐资造林给以荣誉证书行动等。为配合这样的碳中和行动，政府也设计了相关的制度，比如北京市政府为了鼓励公民捐资造林，规定可以通过捐资 60 元每单位“购买碳汇”来获得需要的造林资金，然后由造林部门进行相应的义务植树造林活动。这些企业以及个人进行捐资造林等活动获得的碳汇产权并不是以交易为目的，虽然在一定程度上促进了碳汇的需求，毕竟规模还是非常有限。

从供给方面看，我国林业碳汇的供给制度以及供给规模都还有待提高。林业碳汇的生产具有较强的专业性，对于植树造林有方法学的要求，对于林业碳汇的测量、监测、评估、交易等方面的程序及规范以及方法也有专门性的要求。这些方法、规范、程序在我国还没有完善的体系，对于林业碳汇生产需要的数据库没有完全建立起来，我国林业的影像资料也不健全。我国的碳汇生产属于试点及初级阶段，已建立的碳排放权交易所属于试点市场，各区域独立进行，交易的规则各地区不同，还有一些造林项目没有按照标准和规范实施进行，这些项目产生的碳权在实际中很难进行交易。总体来说，我国林业碳汇的供给状况不规范、不统一，比较混乱。

问题三，技术难点与重点问题还待突破。林业碳汇生产的技术难点主要有营造林的方法学、碳汇测量技术等。比如应造林的方法学对我国而言是一个亟待解决的技术难题。据测算，我国森林固定 CO_2能力平均为 91.75 t/hm^2，相比全球中高纬度地区 157.81 t/hm^{2}的平均水平差距很大，这主要是我国营造林方法学落后造成的。提高我国林业碳汇能力，急需经营方法学的开发，方法学的开发需要充分了解项目实施地面积、实施地的地理状况等情况，这需要我国加强这方面数据的支持及林业人力资源的投入。从林业碳汇发展的大环境来看，从 CDM 林业碳汇来看，开始发展之初它在操作流程与规则上就比工业 CDM 项目复杂，在融资方面比工业项目困难，交易的成本工业项目较高，在计入周期上比较长，林业碳汇未来的稳定性以及确定性较差等，林业 CDM 存在的问题林业 CCER 项目依然没有解决。所以普遍存在的问题加上我国林业本身存在的问题，导致了林业碳汇发展中的技术难点与重点问题很突出，急需解决。

问题四，风险大。林业碳汇的发展面临的风险是多方面的，不仅有来自制度方面的外在系统风险，还有行业本身所面临的弱势风险等非系统风险，具体而言，主要包括市场机制不健全的风险、国家政治经济状况变化引起的风险、气候谈判结果不确定性的风险、金融风险和其他突发事件等造成的风险，其中最主要的风险是因总量控制和配额交易而产生的风险，还有对项目的审查以及森林生长过程中的风险。项目审查面临风险是因为林业碳汇的审查周期很长，审查程序很复杂，所以风险高。林业碳汇的审查周期历经林业碳汇的准备期及实施期。准备期对项目的识别、设计要求的文件较多，项目申请如果通过了，接下来还要进行项目的检测、核查，获得验证，最后才能得到签发的碳单元如 CERs，任何一个环节出了问题，都可能导致项目夭折，这种夭折的沉淀成本包括时间成本和资金成本，是非常高的。据统计对于林业碳汇项目世界银行在前期的实施成本达到了 210 万~310 万元人民币。森林生长过程中面临的风险很高，一是因为林木从幼林到成熟林，一般需要几十年的时间，要长期投入人力、物力、财力，花费很高；二是森林的生长特点导致的，森林每年的病虫害发生可能导致森林灾害，还有火灾等因素而导致毁林等事件发生。不管是天灾还是人祸，一旦这些灾害发生可能使森林的生产前功尽弃。另外还有其他的风险，如碳市场上对碳汇的需求规模小或者不稳定，以及碳汇市场上的碳价持续低迷等，均会导致碳汇交易的低迷，影响碳汇供应者或者生产者的积极性，最终影响碳汇价值的实现。

4 复杂适应性系统视角下的中国林业碳汇价值实现机制的构成要素分析

4.1 林业碳汇价值实现的机制是一个复杂适应性系统

4.1.1 复杂适应性系统相关理论

1. 复杂系统的描述

(1)复杂系统的语言描述

一般来说，用语言来定义复杂系统，就看该系统是否具有复杂系统的性质。如果具有就是复杂系统，不具有便不是复杂系统。复杂系统应该具有的性质有：系统具有层次性，即系统由子系统组成，子系统由子子系统组成等，表现出一定的层次性；系统具有非线性的特点，即上层系统与下层系统之间，或者各个子系统之间的相互作用不遵循简单的线性关系；子系统之间存在耦合关系，即系统之间不是完全不相关或排斥的，而是具有相关性或者相通之处；各个子系统的功能之和并不等于整体系统的功能。

(2)复杂系统的数学描述

如果用数学语言对复杂系统进行描述，可以做如下定义1。

定义1 如果一个系统的任意两个子系统 X，Y，其中 $X=\{X_1, X_2, \cdots, X_i\}$，$Y=\{Y_1, Y_2, \cdots, Y_j\}$，且 $X_i=[x_1, x_2, \cdots, x_m]$，$Y_j=[y_1, y_2, \cdots, y_n]$，$x_{m,t+1}=f(x_{m,t}, t)$，$y_{n,t+1}=g(y_{n,t}, t)$，$(m=1, 2, \cdots, M; n=0, 1, 2, \cdots, N)$ 为观测的时间序列，满足如下条件。

①X 和 Y 属于同一层次，即所处的地位是一样的，记为 $X\overset{s}{\leftrightarrow}Y$，反之 $X\overset{ns}{\leftrightarrow}Y$，则有 $\{X_1, X_2, \cdots, X_i\}\overset{s}{\leftrightarrow}\{Y_1, Y_2, \cdots, Y_j\}$，$[x_1, x_2, \cdots, x_m]\overset{s}{\leftrightarrow}[y_1, y_2, \cdots, y_n]$。

② $Y_j=AX_i^{\mathrm{T}}$，$A=\begin{bmatrix} a_{11} & a_{12} & \cdots & a_{1n} \\ \cdots & \cdots & \cdots & \cdots \\ a_{m1} & a_{m2} & \cdots & a_{mn} \\ \cdots & \cdots & \cdots & \cdots \end{bmatrix}$，其中 $X_i=[x_m^l]$ $(l=1, 2, \cdots, L)$，且满足 $L\geqslant 2$。当 $L>2$ 时，在矩阵 A 中对应于 X_i 中的元素的次数不小于2的系数至少有一个不为零；当 $L=2$ 时，矩阵 A 中对应于 X_i 中的元素的次数等于 L 的系数一定不为零。

③ $X_i\cap Y_j\neq\phi$。这里 $\cap$ 的含义为 X_i 与 Y_j 中的元素相互之间有关联的部分，得出的结果是以二维平面坐标形式表示的；ϕ 为空集。如果 X_i 中的 x_2 与 Y_j 中的 y_3 有关联，则 $X_i\cap Y_j=[x_2, y_3]$。

④ $F(X_1)+F(X_2)+\cdots+F(X_i)\neq F(X)$，即 $\sum\limits_{i=1} F(X_i)\neq F(X)$。

也有 $F(Y_1)+F(Y_2)+\cdots+F(Y_j)+\cdots\neq F(Y)$，即 $\sum\limits_{j=1} F(Y_j)\neq F(Y)$。

公式中出现的符号 $F(\cdot)$ 表示某一子系统所具有的功能；符号"+"表示对相应子系统的功能进行叠加。如果子系统之间满足公式的条件，那么由这些子系统组成的整个系统便被称为复杂系统。

定义1描述的复杂系统，体现了复杂系统的特点，定义1中的每个条件对应着复杂系统相对应的特点，具体如下：一是复杂系统具有层次性，从第一个条件可以知道一个复杂系统至少具有3个层次；二是复杂系统具有非线性，从第二个条件中可以知道，第二个条件中规定矩阵 A 中 X_i 的次数及系数不能为零等限制条件说明了是非线性的；三是复杂系统的子系统具有耦合性；四是整体属性不等于部分属性之和，即不能把各部分的属性相加作为整体的属性，意味着低层次的相互作用涌现出新的属性，这种新的属性体现在更高层次里。

2. 复杂适应性系统的基本思想及特点

(1)基本思想

在复杂系统中的成员不是机械的、静止的，而是具有主动的适应性，一般把该系统中的成员称为主体。主体是主动的积极的个体，主体之间是相互作用、相互影响、相互改变、相互融合的，即主体在相互接触的过程中根据已有的信息和经验不断调整自己的行动与决策，不断地改变自己也影响对方，随着环境的变化各主体可以相互融合成更高层次的主体并参与其他主体的行动，这种改变与融合可以不断地进行下去，形成了主体之间关系的复杂性与多样性，主体之间的这种特性也同样适用于主体与环境之间。我们把主体与主体之间、主体与环境之间不断地交互作用、相互影响、相互改变、相互融合的特性称为主体间的“适应性”。正是这种适应性产生了复杂性，从而形成了复杂适应系统。所以适应性产生复杂性便是复杂适应性系统理论的基本思想。

(2)主要特点

复杂适应性系统理论的4个特点使人们对系统运动和演化规律的认识发生了变化。①主体是主动的、活的体。复杂适应性系统的成员一般称为主体，而不像一般系统称为元素、单元或者部件。元素、单元或部件一般认为是静止的、被动的、缺乏活性，其运动满足一般的机械运动。而主体是主动的、活跃的、不断运动的，正是这种特性使得成员得到进化，使得系统内部的运动复杂化。通常情况下，为了生存或发展只要个体之间在相互作用的时候，能够根据得到的信息来调整或改变自身的行为方式、策略等，便称该个体具有主动性或适应性。主体的主动性的程度决定了系统复杂性的程度。②系统演变以及进化的主要动力来自个体与环境的交互作用。个体与环境的交互作用是指个体与个体之间的相互影响作用，对于本个体而言，其他个体均构成了本个体的环境，无论其他个体是单个还是多个。在系统演变的早期，各个体的潜能势均力敌，后来信息的不对称、影响因素的不同等导致个体在发展的过程中出现了运动方向的多样性，导致了个体出现了差异，对称性被打破便产生了系统的结构，从而产生了系统的演变以及进化。③从微观主体到宏观主体发生了质的飞跃。微观主体的主动性或适应性经历会作为记忆储存在微观主体内部，这些固化或记忆使得微观主体会将前期的经历作为经验教训对后期的与其他主体的作用中进行策略改变，因为各个主体都这样，便会出现新的环境，把最终形成的这种环境叫做宏观环境或宏观系统。这种新的环境或系统相对于起初的微观个体而言发生了质的飞跃，发生了价值增值。④引进了随机因素。因为主体的主动性、活跃性的特点，所以除了遵循一般的行为模式之外，主体也会因为环境和信息的特殊情况而采取特殊的方法，因此随机因素是复杂适应性系统要考虑的不可缺少的因素。复杂适应性系统在描述随机因素的影响时采用的方法一般是遗传算法以及演化算法等。

4.1.2 林业碳汇价值实现机制具有复杂适应性

1. 林业碳汇价值实现机制的来源及发展：国家之间的相互影响与适应

碳汇市场的产生源于制度创造，它是国际气候谈判的产物，是国家之间相互影响、相互适应的结果。这个谈判的起点是 1987 年的《蒙特利尔议定书》，从此开始了 20 多年的磋商、讨论，最后形成普遍认可的结论：地球 CO_2浓度的上升，在地球表面形成一层罩子罩在地球上，使太阳光的热量不能散射出去，导致地球的温度上升，快速上升的温度导致冰川融化的速度加快，导致海平面上升，导致自然遭害频繁发生，动植物的濒危物种增加，影响人类的身体健康以及岛国的生存发展；而CO_2浓度上升的主要原因是人类的生产活动，因此必须建立全球CO_2的减排目标；由于各国经济发展水平不同，资源状况不同，历史累计的CO_2排放量不同，因此在确定或者分配CO_2的减排额度时应遵循“共同但有区别的责任原则”来进行。20多年来各国相互适应的过程可以分为3个阶段：第一个阶段，经过1987年到1997年10年的艰苦谈判，通过了具有法律约束力的文件《京都议定书》，该文件对各缔约国承担的减排量以及相应的减排期限作了规定；第二个阶段从1998年到2005年，该阶段的谈判主要围绕《京都议定书》的生效问题进行；第三个阶段从2006年到现在，主要是商讨后京都问题。经过一系列的反复磋商与谈判，已经为碳市场的发展做了必要的建章立制。2001年的“马拉喀什协议文件”是进行碳交易的主要依据，2015年的《巴黎协定》为2020年后的全球在应对气候问题上建章立制，它是《联合国气候变化框架公约》下的第二份有法律约束力的文件。2015年的气候谈判更是明确了减排的前景。在碳权市场的形成和发展历程中，比较具有影响力和重要性的主要是1987年、1992年、1997年、2001年、2005年、2015年等的联合国气候变化大会，具体内容见表4-1。

表4-1　**全球气候变化主要会议及主要内容**

时间(年)/会议	主要内容及主要成果	涉林谈判达成的共识
1987/蒙特利尔气候会议	《蒙特利尔议定书》环境保护公约，该公约的目的是保护地球臭氧层减少或避免工业中的氟氯碳化物对它的破坏	植树造林，加强森林抚育，减少毁林
1992/联合国气候大会	《联合国气候变化框架公约》，就气候变化、保护环境问题达成的公约	增加森林碳汇和减少毁林排放，减缓气候变化

续表

时间(年)/会议	主要内容及主要成果	涉林谈判达成的共识
1997/京都会议	通过了《京都议定书》，是《联合国气候变化框架公约》的补充条款	增加森林碳汇和减少毁林排放，减缓气候变化
2001/波恩会议	《波恩协议》，推动《京都议定书》的生效	《关于土地使用、土地使用的变化和林业的决定》，《CDM下的造林再造林碳汇项目模式和程序》及其附件等，对碳汇造林的模式、程序等进行了规定
2005/蒙特利尔会议	《蒙特利尔路线图》	同意在气候变化公约中纳入相关林业碳汇的谈判议题，具体是“为发展中国家减少毁林排放行动提供激励政策的议题”
2007/巴厘岛会议	巴厘路线决议	将森林碳汇的讨论延伸到森林保育、可持续经营等增加碳汇的方面，激励和支持发展中国家的森林保护等碳储量活动
2009/哥本哈根	《哥本哈根协议》，该协议对2012年后《京都议定书》的相关工作进行商讨	积极支持发展中国家森林固碳
2010/坎昆会议	对适应、技术转让、资金和能力建设等问题取得了不同程度的进展	各国减排目标的确立；绿色减排
2011/德班会议	《德班决议》	对于第二期《京都议定书》的相关规定决定开始实施，决定启动绿色气候基金
2013/华沙会议	各方决定立即加大行动力度应对气候变化，形成《华沙条约》	“华沙 REDD+框架”
2015/巴黎会议	《巴黎协定》，为 2020 年后全球应对气候变化行动“建章立制”	继续鼓励和支持“REDD+”，强调在实施该行动时应关注保护生物多样性等非碳效益

林业在减缓与适应气候变化中的作用也是在气候谈判的过程中逐步明确和提出来的。最早的涉林谈判的共识是：通过植树造林、加强森林抚育、减少毁林措施来保护森林、保护环境，这是1987年《蒙特利尔议定书》中的条款。有标志性的谈判共识是1997年签署的《京都议定书》。《京都议定书》在2005年正式生效，《京都议定书》确定了进行减排的国家为附件Ⅰ①所列的工业化国家，确定了所列国家减排的额度，确定了减排的温室气体为6种，确定了减排机制有3种，即JI②、ET③和CDM④，其中CDM规定：附件Ⅰ所列国家可以在发展中国家开展减排项目，这些减排项目产生的减排量可以用来抵消其承诺的温室气体减限排指标，同意将50年以上的造林、1990年以后的再造林等林业碳汇项目作为第一承诺期合格的清洁发展机制项目。林业CDM的规定标志着林业的生态功能在国际社会得到承认，也开创了林业固碳的生态补偿市场化的制度条件，在林业CDM制度下，再造林碳汇项目在全球进入实质性的操作阶段。

如果说《京都议定书》形成了林业CDM机制，那么《华沙条约》则形成了“REDD+”框架。“华沙REDD+框架”是为了鼓励和支持发展中国家的林业碳汇项目而通过的决议，该决议对于发展中国家的减少毁林措施、防止森林退化措施、采取的森林保育措施、采取的森林可持续经营措施等给予鼓励和支持，同意考虑将由于采用这些措施而导致碳源的减少、碳汇增加的碳储量作为类似于林业CDM碳汇的一种碳汇参与碳市场进行交易。《巴黎协定》在前期成果的基础上，将林业碳汇更进一步深入推进，至此形成了林业碳汇的CDM以及REDD+机制。《巴黎协

① 是指《联合国气候变化框架公约》附件一所列的缔约方国家，这些国家主要是工业化国家以及正在朝市场经济过渡的国家。

② 联合履约。

③ 排放贸易。

④ 清洁发展机制。

定》要求2020年后各国在保护森林、增强碳库的行动中采取措施，该协定中有关森林的条款内容主要有3个方面。第一个方面的内容是对于“减少毁林和森林退化排放及通过可持续经营森林增加碳汇行动(REDD+)”继续给予鼓励和支持，主要是针对发展中国家而言。第二个方面的内容是鼓励各国在保护森林、增加谈判的行动中，强调对于非碳效益，即保护生物多样性等方面给予关注。第三个方面的内容是如何平衡好碳效益以及非碳效益，以建立“森林减缓以适应协同增效及森林可持续经营综合机制”的相关决定。林业碳汇市场就是在这一次次谈判过程中逐步形成和发展的。

2. 中国碳汇价值实现机制发展历程：适应国际气候变化大会及国内情况

在适应国际形势及本国政治、经济、环境发展情况的要求下，我国启动了碳市场以及林业碳汇市场。具体开始实施是2005年，同年10月国家发改委、科技部和财政部联合发布了《清洁发展机制项目运行管理办法》(2011年8月修订)。由于我国不是义务减排国家，我国清洁发展机制项目主要是林业碳汇CDM项目。国家林业局是林业碳汇工作的主要负责机构。2005年，国家林业局碳汇管理办公室牵头开展中国CDM造林再造林碳汇项目的优先发展区域选择及评价工作。经过10年左右的准备，林业碳汇注册管理平台建立起来了。林业碳汇项目的注册由国家林业局指定的经营实体审核合格后进行注册，特定经营实体的审核是按照《中国林业碳汇审定核查指南》进行的。为了规范林业碳汇产权市场的交易，制定出台了相关的规则及标准等，如《林业碳汇交易规则》、《林业碳汇交易标准》、《林业碳汇交易流程》等。这些规则和标准是由中国绿色碳汇基金会同华东林权交易所共同研制而成的。2013年至今，国家发改委共备案了7家交易机构，9家审定与核证机构和178个方法学。全国林业碳汇计量监测体系已实现研建、试点到全国覆盖的进程之中。

国内碳汇价值实现的机制是政策制定者、利益相关者不断博弈后形成的。具体的博弈过程体现及结果体现在具体的促进碳汇价值实现机制的发展历程中，见表 4-2。

表 4-2 **1985—2015 年我国林业应对气候变化的主要政策**

年份（年）	政策制度等名称	政策目标	政策内容
2005	《清洁发展机制项目运行管理办法》	应对气候变化	鼓励实施林业碳汇 CDM 项目
2006	《关于开展清洁发展机制下造林再造林碳汇项目的指导意见》	应对气候变化	指导实施林业碳汇 CDM 项目
2009	《应对气候变化的国家方案》	应对气候变化	将林业碳汇作为中国当前及未来增汇的重要的途径
	《应对气候变化林业行动计划》	应对气候变化	确定了在应对气候变化的行动中如何发展林业的基本原则、阶段性目标等问题
	中央林业工作会议	林业可持续发展	要贯彻林业在应对气候变化中具有特殊的地位
2010	《碳汇造林技术规定（试行）》	应对气候变化	计量碳汇的技术规范
	《碳汇造林检查验收办法（试行）》		林业碳汇项目的检查验收方法
	《造林项目碳汇计量与检测指南》		林业碳汇的计量与监测
2012	《温室气体自愿减排交易管理暂行办法》	减缓和适应气候变化	对国内自愿减排项目、减排量、方法学的管理规定
	《温室气体自愿减排交易审定与核证指南》		对交易平台和第三方审定核查机构等的管理规定
2013	《推进生态文明建设规划纲要》	生态环境	提出与确定“生态红线”保护行动计划，对于林地与森林、湿地、沙区植被、物种划定了具体的红线

续表

年份（年）	政策制度等名称	政策目标	政策内容
2014	《国家林业局关于推进林业碳汇交易工作的指导意见》	减缓和适应气候变化	鼓励各地结合各自的实际情况开发林业碳汇项目方法学，为进行林业碳汇自愿交易提供相关的资源
	《单位国内生产总值 CO_2 排放降低目标责任考核评估办法》		将森林碳汇列为省级政府的考核目标

3. 林业碳汇价值实现机制是一个复杂适应性系统

林业碳汇价值实现机制是一个复杂适应性系统。其一，林业碳汇的价值实现与全球减缓与适应气候变化相互影响、相互关联。林业低碳经济的发展战略与国家应对减缓与适应气候变化的战略相关，而国家的战略与全球应对减缓与适应气候变化的状况相关。此外，各国应对减缓与适应气候变化的态度和具体措施又影响全球减缓与适应气候变化的发展。所以林业碳汇的发展是在大格局下的发展，在大格局下各个国家是相互影响、相互适应的。

其二，由于林业的多功能性，那么林业与低碳林业是怎样关联的，如何平衡是碳汇交易须考虑的问题。林业是具有外部性的行业。林业生产的是联合型产品，即木材以及木材的生产过程中带来的固碳释氧、涵养水源等生态效益。林业究竟是以木材生产为主、以固碳为主，还是以生态效益为主，必须有所取舍。取舍的主要因素是木材销售、林业碳汇贸易、生态补贴的净收益的大小。对于林业经营者而言，要根据碳汇林、生态林、经济林等林产品的实际状况进行相机抉择。这体现了林业碳汇价值的实现与林业其他产品价值实现的关联和影响。

其三，林业与其他产业的替代与互补。林业碳汇的发展可能与农业争地或者与其他产业的发展争地。但是碳汇林业有防风固沙、涵养水源的作用，在一定程度上又促进了农业的发展，林业碳汇的发展与工业的节能减排在减缓与适应气候变化方面有异曲同工之处，可以在一定程度上促进工业的发展。所以说林业碳汇、农业、工业减排是相互影响、相互联系的，林业碳汇的发展要协调好林业与农业、工业、能源、环境等关联产业的关系。

其四，林业碳汇与其他碳汇及减排之间的相互影响。碳交易市场中进行交易的产品，不论是自愿市场还是强制市场，主要有3种：工业减排的交易，林业碳汇交易，其他碳汇交易。在国际市场上参与具体履约的国家对于林业CDM有量的限制。在自愿减排市场上，很多市场也对林业碳汇进行减缓与适应气候变化也有量的限制，这种限量影响了林业碳汇的需求，也间接地影响了其他主体。在碳市场中可以交易的不仅有碳汇，还有减排配额，它们属于竞争性产品，两者的价格差别影响碳汇价值的实现。

其五，林业碳汇的发展涉及众多不同性质的主体。从交易流程的角度来看这些主体包括行政管理部门、项目实施和购买碳汇的私有主体、监测核证等中介机构、碳权交易所等，在CDM类别下还会涉及国际组织。从与碳汇项目开发有关的主体看，有林地及林木所有者，还可能有土地的租赁方、项目投资方以及项目管理方等，这些主体可能是当地农户，也可能是社区、村镇、林业部门等。上述主体是林业碳汇交易内部系统的主体。由于林业碳汇与其他碳汇及减排产品具有替代性，因此林业碳汇的相关主体还包括其替代品的相关主体，比如企业管理者，如果碳汇的成本低风险低，有减排任务的企业管理者就可能选择通过参与碳汇项目或者购买碳汇的方式来进行节能减排，这就会导致对林业碳汇项目或者碳汇的需求增加。林业碳汇发展涉及的这些主体之间的行为相互影响、相互作用，影响林业碳汇市场的发展，众多的主体都发挥着不可替代的作用。

综上所述，林业碳汇价值实现机制是各个国家之间、国家与工业企业、林业及其他利益相关者主体相互作用、相互适应的结果，因此它是一个复杂适应性系统。

4.2 林业碳汇价值实现机制系统的适应性主体及其行为特征分析

4.2.1 林业碳汇的管理体系

可以将林业碳汇的管理按照是否遵从《京都议定书》分为京都规则与非京都规则。林业 CDM 机制下的碳汇就是京都规则的林业碳汇，该林业碳汇管理体系与 CDM 的管理机制体系类似。

首先，从管理机构的设置来说，林业 CDM 管理机构与 CDM 管理机构相似，都是 3 级管理机构，林业 CDM 是 CDM 的一个组成部分。一级管理机构是最高级别的管理机构、是全球性的，该机构由联合国理事会担任，它主要有 4 个职能：对 CDM 的实施细则进行制定，对方法学进行批准，对 CDM 项目的注册进行批准，对温室气体的减排量进行签发。

接下来各国政府为二级管理机构，是仅次于联合国的国家层面的最高管理机构。各国的政府管理机构因国情不同而不完全相同，中国根据《清洁发展机制项目运行管理暂行办法》的相关要求，将 CDM 的管理机构分为 3 个层次，各个层次的管理机构执行着不同的职能。最高层次的管理机构为国家气候变化对策协调小组，在中国该机构由 15 个部门构成，该机构的主要职能是负责气候变化领域的重大问题的商议，是关于气候变化领域问题国家战略层面的领导机构，该机构的工作议程主要是每年定期开展一次会议，对重大气候问题不定期进行会议商议。接下来的管理机构是国家清洁发展机制项目审核理事会，它是国家气候变化对策协调小组下设的一个管理机构，它是第二层次的机构。该机构的牵头单位是国家发改委以及科学技术部，外交部担任副组长，除此之外该机构的组成成员还有国家环境保护总局、中国气象局、财政部以及农业部等单位。该机构的主要职责有3项：对CDM项目进行审核；将CDM项目的执行情况向上级机构即协调小组进行汇报，对CDM项目实施过程中出现的问题向上级汇报，对CDM项目实施过程中的建议向上级汇报；对CDM项目的运行规则以及程序进行修订和提出建议等。最后一个层次的管理机构是清洁发展机制项目国家主管机构，即第三层次。该层次的机构由国家发展与改革委员会担任，该机构的主要职能有3个方面：对CDM项目的申请进行受理；对CDM项目进行审核和批准；作为中国政府的代表出具项目批准文件，对项目进行监督管理，从事与CDM有关的涉外事务等。

最下面的管理机构也是最基层的管理机构，即项目实施单位，在此把它称为三级管理机构。实施林业CDM项目的单位主要是一些中资企业、中资控股的企业等。项目实施单位要进行CDM项目的开展，就要承担进行项目开发的一系列工作，由于CDM项目的减排主要是针对发达国家的，所以需要找到这些项目的需求方，这就需要进行对外谈判，如果能找到项目的买主或者投资方，接下来要进行项目的申请、项目工程的建设、提交报告、接受审核和监测、进行注册等工作。具体管理体系见图4-1。

CDM机制下碳汇林业项目的实施程序可以概括为4步，第一步，谈判签约。谈判签约是在识别和评估项目之后进行的。第二步，项目申请与审批。项目申请与审批一共有7个程序。第三步，项目实施、监督和核查。该过程需要5个程序来完成。这样完成第二步和第三步一共需要12个程序的工作。其中前7个程序具体为：①申请[①]，②初评[②]，

① 在中国境内申请实施CDM项目应当向国家发改委提出申请，申请时要提交CDM设计文件等相关支持文件。

② 国家发改委委托有关机构对项目申请进行初评，并将专家审评合格的项目提交至项目审核理事会。

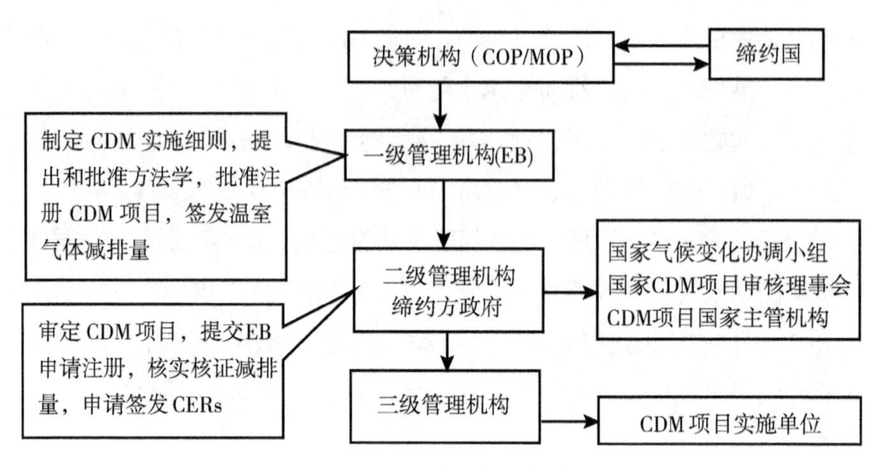

图 4-1　CDM 项目管理体系图

③审核①，④批准②，⑤评估③，⑥登记④，⑦报告⑤；后面 5 个程序为：⑧报告⑥，⑨监督⑦，⑩核证⑧，⑪签发⑨，⑫登记⑩。第四步是

---

① 由项目审核理事会审核受理项目申请，并将审核通过的项目告知国家发改委。

② 项目的批准由国家发改委会同科学技术部和外交部共同进行，相关的政府批准文件由国家发改委出具，批准的结果同时通知项目实施单位。

③ 项目实施单位邀请相关有资质的经营实体对项目设计文件进行独立评估。

④ 将经过特定经营实体评估合格的项目报给 CDM 执行理事会进行登记注册。

⑤ 实施单位在接到 CDM 执行理事会批准通知后的 10 天内，将执行理事会的批准情况报告给国家发改委。

⑥ 根据相关规定实施机构向国家发改委、特定经营实体提交项目实施和监测报告。

⑦ 国家发改委对 CDM 项目的实施进行管理和监督，以保证 CDM 项目的实施质量。

⑧ 有资质的经营实体来核实和证明 CDM 产生的减排量，并将核实的温室气体减排量及其他有关情况向 CDM 执行理事会报告。

⑨ 将 CDM 执行理事会批准签发后的温室气体的减排量，进行登记和转让，并通知参加 CDM 项目的合作方。

⑩ 国家发展和改革委员会或受其委托的机构将经 CDM 执行理事会登记注册的 CDM 项目产生的核证的温室气体减排量进行登记。

进行收益分成。其基本流程如图4-2所示。

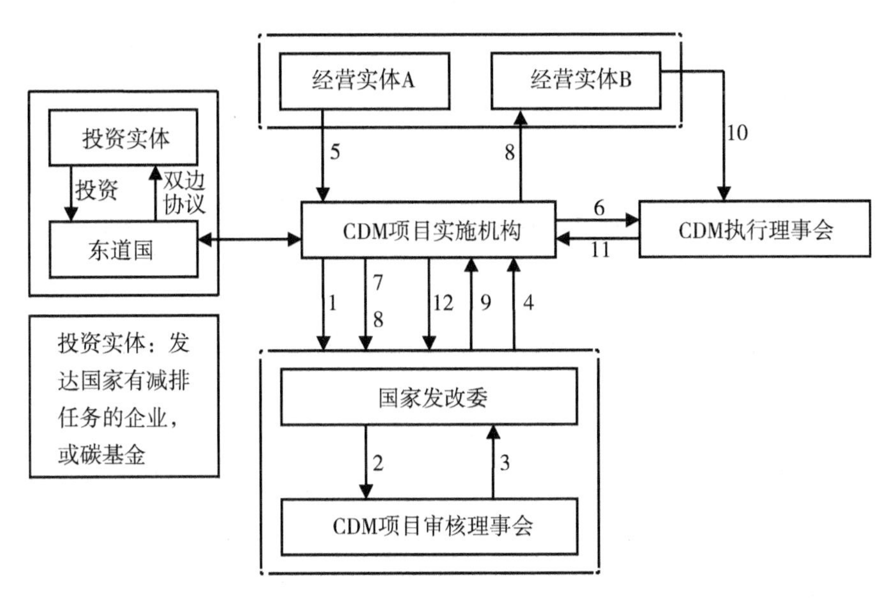

图4-2 中国CDM项目相关实施程序

另一类是自愿减排(VER)市场管理体系。相比CDM机制下的管理体系，该类市场管理体系的管理机构没有国际级的管理机构，只有国家级和实施单位级两级机构。

进行自愿减排交易的程序并没有统一化，但基本包含这样一些程序或步骤：一是资料的准备及申请立项阶段；二是项目实施阶段；三是签发阶段；四是交易阶段。以下以北京市碳排放权交易试点阶段林业碳汇交易程序为例来分析自愿市场的碳汇交易机制或程序。在项目准备及立项阶段，首先项目业主进行项目基础资料收集整理。其次，业主委托林业部门认可的第三方计量监测机构编制项目PDD文件。再次，递交国家发改委备案的第三方审定机构对项目进行审定。项目审定通过后便可以开始实施项目。在实施的过程中，业主需要委托林业部门认可的第三方计量监测机构对项目碳汇量进行监测，然后递交国家发改委备案的第三方核证机构进行项目的减排量或者碳汇量核证，再递交北京市园林绿化局进行初审，初审过后由北京发改委进行复审，最后由北京市发改委进行项目碳汇量的签发。签发后的碳汇量可以在国家发改委认可的碳权交易机构进行挂牌交易，交易完成后要及时向国家发改委申请备案签发并转移抵消。具体的程序见图 4-3。

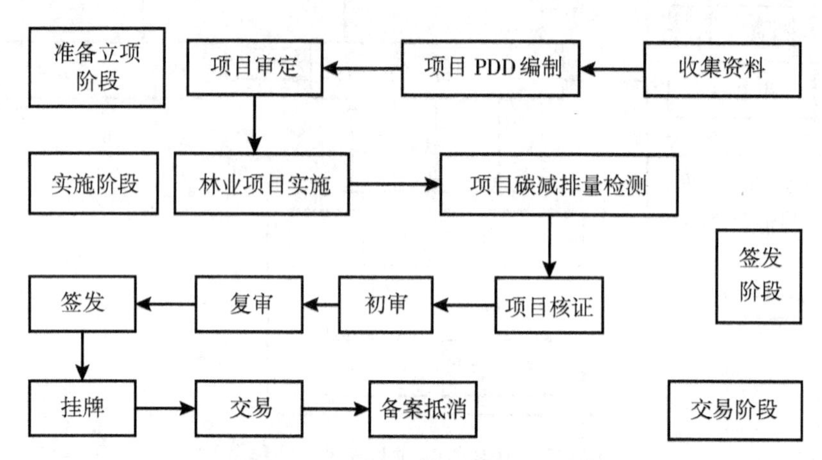

图 4-3 北京市碳排放权交易试点阶段林地碳汇交易项目开发步骤

4.2.2 适应性主体的组成

从林业碳汇 CDM 管理体系及北京市碳排放权交易试点阶段的林业碳汇项目流程，可以归纳出，其参与主体有政府等管理部门、碳汇交易平台、第三方机构、碳汇供给者、碳汇需求者。从林业碳汇价值实现的市场机制来说，既然是市场就要有供需双方，所以适应性主体就有需求主体、供给主体。另外林业碳汇市场不同一般的市场供给能够自动创造需求，由于林业碳汇价值实现是公共产品私有化的过程，所以必须要管理部门将公共产权私有化，并且需要监督，因此该市场机制必须有监管主体。林业碳汇的计量，包括测量、核证等需要相应的技术规范、标准，这由相应的具有资质的专业机构来完成。这些技术规范、标准及专业机构统称为技术支撑体系，因此需要技术支撑体系主体。碳汇的交易是无形产品的交易，这种交易需要交易证明，因此需要交易平台记录交易行为，因此需要交易平台主体。

若是通过公共财政来实现林业碳汇价值，同样需要这些主体，需要供给主体，需要监管主体，需要技术支撑体系主体确定碳汇的量等。不同的是，需求主体可能是政府代理执行。交易平台可能不同，可能是通过税收的形式收取碳汇的价值然后补给给林业碳汇的供给者，也可以把这个过程称为交易平台主体，只不过它的运行形式和市场交易平台的交易不太相同，但是原理相同，即供给者获得收入需求者支付费用的平台。

综合市场机制及公共财政的交易或付费程序，可以归结林业碳汇价值实现机制的适应性主体主要是5个：供给主体、需求主体、监管主体、技术支撑体系主体、交易平台主体。

4.2.3 主体的行为特征

其一，供给主体。林业碳汇的初始来源主要是森林，森林的所有者以及经营者便是林业碳汇的原始供给主体。拥有及管理森林的主体一般是国有林场、集体林场以及私有林场等，私有林场主可能是企业、组织，也可能是家庭或个人。不同国家林业碳汇的供给主体构成比例不同，有的国家国有及集体林场是主要供给者，有的国家家庭或个人林场是主要供给者。在美国私有林场为碳汇的主要供给主体，私有林场的数目大于国有林场，私有林场中主要以家庭林场为主，家庭林场面积占林地面积的66%左右。

供给主体对碳汇的供给情况，主要根据政策因素、制度的激励、需求状况、技术状况、碳汇价格、交易的便利性等来进行调整。Hultman等对巴西、印度等发展中国家的碳汇定价与企业参与度进行了相关性研究，发现它们之间有明显的正相关性。此外，林业碳汇项目开发的时间长短、经营项目所花费的成本多少、碳汇产权的规范与明确性状况等因素均会影响到林业碳汇供给主体生产林业碳汇的积极性。

其二，需求主体。林业碳汇的需求主体主要有3类，第一类是有强制减排任务的工业企业。这些企业由于《京都议定书》的规定或者发展中国家根据经济环境的发展情况，国家给予了强制减排任务，而企业本身难以在规定的时间内达到减排任务，或者因为成本等其他因素的考虑而采用消费林业碳汇来满足。这样的需求主体主要是碳排放强度大的行业里的企业，比如煤炭、电力、钢铁、水泥、汽车、石油化工、建材等。还有一类需求主体是在社会上起到表率作用或者行业领头军作用或者其他类似作用的主体，比如政府部门、其他社会团体的碳中和行动、个人的捐资造林等。第三类主要是一些投资中介，购买碳汇进行投资之用，比如金融保险行业、碳基金等中介机构。

林业碳汇需求主体对碳汇的需求程度受到碳汇价格、碳汇政策、碳汇交易制度等多方面的影响。价格是影响需求的重要因素，对于林业碳汇也不例外。碳汇交易制度中给予林业碳汇的额度和空间非常有限，碳汇交易制度不健全，也会对林业碳汇的需求产生不利影响。

其三，监管主体。林业 CDM 项目是从属于 CDM 项目的，对林业 CDM 的监管与 CDM 的监管类似，有3级管理机构对其监管，一级管理机构是联合国理事会；二级机构是各国政府；三级管理机构是清洁发展机制实施机构。自愿林业碳汇发展的管理主体主要有两级，一是政府主管部门，二是实施主体。

联合国理事会对碳汇林业的管理只限于 CDM 项目，项目实施主体即是碳汇的供给方，故在此的管理主体仅重点考虑各国政府及其管理机构。它是联合国理事会及项目实施主体的中介及桥梁纽带。

各国政府及其管理机构对林业碳汇的管理主要是：制定及修正林业 CDM 项目开展的程序以及运行规则，对林业 CDM 项目的申请进行受理，对林业 CDM 项目进行审核以及批准等。各国政府主体对碳汇交易的管理行为受到这些因素的影响：一是各年气候谈判的成果以及是否面临着强制减排的任务；二是国内经济发展状况以及能源消费状况；三是本国林业的发展状况等。

其四，技术支撑体系主体。林业碳汇的技术性问题主要是林业CDM的技术性问题，因为林业CDM项目是林业碳汇的先驱，后面的相关林业碳汇都是沿用了林业CDM的相关技术。林业CDM项目从开发到该项目的结束涉及哪些技术呢？主要有以下技术：造林方法学技术；"项目基准线与额外性的确定、碳储量的计量与核查技术；碳汇项目所特有的非持久性、泄漏、不确定性，项目对社会经济和环境的影响等技术问题"。造林方法学考虑项目本身的情况、项目所在区域的气候状况、土壤状况、水文情况、生态系统、区域稀有或濒危物种及其习性等因素。项目基准线、额外性、泄漏等技术问题要考虑项目土地的合法性、碳汇的合法权利、项目土地占用和使用情况等因素。

碳汇项目的这些技术性问题的解决不仅需要实施主体自我解决，还需要得到相关技术方的确认。这些技术方在此称为技术支撑体系主体，主要包括有资质的林业碳汇监测机构，核证和审定机构，后者也就是业界所称的第三方独立审核机构，或者叫做DOE。目前我国具有监测林业碳汇资质的机构有15家，它们的资质是由国家林业局批准的。目前我国具有审定与核证林业碳汇资质的机构有4家，它们分别是中国质量认证中心(CC)、中环联合(北京)认证中心有限公司(CEC)、广州赛宝认证中心服务有限公司(CEPREI)、北京中创碳投科技有限公司(SCII)。

影响监测、核证、审定主体行为的因素主要是林业碳汇相关主管部门的规定。有规范的技术规格及文本模板或计量公式模型以及程序，其工作相对透明、公正。另外的影响因素就是碳汇监测本身需要的技术问题、仪器问题等行业本身所具有的复杂性。当然林业碳汇的供需状况也在某种程度或角度上影响对其的监测、审定及核证。

其五，交易平台主体。目前全球碳市场较多，中国已在7个试点省市建立起了碳交易市场，但这些市场中以林业碳汇为主体的很少，以林业碳汇交易为主的交易场所或者说林业碳汇交易规模较大的场所主要是哥斯达黎加和美国芝加哥气候交易所。成立于2003年的芝加哥气候交易所，是全球碳权交易的先驱，在辉煌时候有200多个跨国参与者，由于美国在全球碳减排的不作为等行为使得芝加哥气候交易所2011年被关闭。在芝加哥气候交所进行交易的参与者来自航空、电力、交通、环境等数十个不同行业，美国电力、福特、IBM等公司均参与其中。在芝加哥气候交易所进行交易的项目有减排和碳汇2类，其碳汇项目不仅有林业碳汇，还有农业碳汇、牧场碳汇。

哥斯达黎加的气候交易主要是指哥斯达黎加的可交易补偿实践，即CTOs。在这种碳汇交易制度中政府在其中起着重要的作用。首先政府用法律确认了碳权，1996年哥斯达黎加政府制定新森林法，明确承认森林的固碳等外部经济性产权，并允许对该产权给以补偿，碳汇产权的所有者即林地所有者。1997年哥斯达黎加又通过了新森林法，对碳汇的补偿建立了新的制度规则。哥斯达黎加的碳排放权的交易制度就这样逐步建立起来了。在碳汇交易的过程中，政府是碳汇交易的中介，即碳汇生产者首先将碳汇以先出售后收款的方式给政府，然后政府将碳汇出售给需要碳汇的国内国外的第三方，政府出售碳汇的收益支付给碳汇的提供者，不过这种支付不是政府直接支付，政府只是将出售碳汇的收入投入到燃料税建立的基金，由基金支付给碳汇的提供者。

碳汇交易平台主体的行为受到交易的活跃度、持续性、规模等因素的影响。交易的活跃程度受供给和需求的影响，而碳汇交易的供给和需求均是制度创造的供给和需求。如果强制企业减排的额度并且对林业碳汇的交易没有限额，则交易的活跃程度高，交易的规模会大；如果政策具有持续性，碳汇交易便具有持续性，碳汇交易机构的发展便会向好的方向持续发展。

4.3 林业碳汇价值实现机制的层次分析

4.3.1 系统主体之间的相互影响分析

1. 供给主体与需求主体

如果供给主体供应量很多，但需求主体不足，会成为买方市场，影响碳汇供给主体的积极性。供给大于需求，会导致价格下跌，碳汇卖不出去，从而市场萎缩。如果需求主体很多，供给主体不足，会成为卖方市场，影响需求者的购买成本。需求大于供给，会导致价格上涨，在供给不变的情况下，会导致价格越来越高，影响需求主体的成本，可能间接推高物价。如果供给可以增加，则价格进一步下跌。所以供给主体和需求主体是相互影响的。

2. 供给主体与监管主体

碳汇市场上的供给是政策和制度的产物。没有制度创造，便没有碳市场上的林业碳汇供给。制度创造的"碳抵消"的额度及幅度是影响碳汇供给的重要因素。如果监管主体制定了相应的规章制度，且便于操作执行，鼓励供应碳汇，则碳汇供给者的积极性会很高。如果监管主体制定了相应的规章制度，但不便于执行，则碳汇供给主体的积极性不高。另一方面，如果碳汇供给主体主动积极配合监管主体，则规章制度、技术支撑体系、数据库的建设会趋于完善、规范易执行，否则制度体系难以建立起来。

3. 需求主体与监管主体

林业碳汇需求的来源是国际气候谈判的结果。国家在减缓与适应气候变化中的战略问题，即是把林业碳汇放在何位置，如何影响碳汇林业的需求。无论是自愿市场还是强制市场，林业碳汇市场的需求主体对碳汇的需求都是在制度与规则约束下产生的，换一个角度就是说是由监管主体的监管决定的，监管主体中最顶层监管者对林业碳汇的战略决定了对林业碳汇需求的强弱。如果监管主体没有减排的目标控制，不能确立控排企业，那么碳汇的需求就几乎为零，只有监管主体有减排的目标，确定控排企业才能创造出需求。自愿进行义务捐赠、会议碳中和等需求也需要监管者相应的政策制度和宣传。另一方面，如果有自愿承担生态责任的企业或组织，这样的企业或组织越多，越有利于监管主体制订目标，确立控排企业。

4. 需求主体与技术支撑系统主体

技术支撑体系主体的构成主要是监测、核证等第三方机构，没有第三方机构的监测、核证，需求主体的减排量是多少，需要购买多少碳抵消或有多少可以出售的减排额度便不能被确定下来，或者由需求主体自行确定成本太高等因素存在。另一方面，需求主体越少，第三方机构的业务就越少，否则越多。越多就越有竞争性，越有利于提高第三方机构的工作质量，也可能降低成本。

5. 供给主体与技术支撑体系主体

碳汇供给的技术支撑体系是碳汇供给的基础，技术支撑体系完备、简单易操作，碳汇供给一般会增加。供给主体的碳汇供给的技术支撑体系需要第三方机构提供。没有第三方机构碳汇供给的计量，由碳汇供给主体自行确定，会增加供给主体的成本。如果没有供给主体，对供给主体进行碳汇计量为主要工作任务的第三方机构便没有存在的必要。

6. 技术支撑体系主体与监管主体

技术支撑体系主体中的第三方机构一般是在监管主体备案的，由监管主体给予资质认证。没有监管主体的资质认证，第三方机构的核证不具有效力。另一方面，第三方机构的工作效率影响监管主体的监管。

7. 供给主体与交易平台主体

碳汇供给主体通过交易平台实施碳汇供给的一系列工作，最终可以挂牌交易。没有交易平台，供给主体自主寻找买家，交易成本等相对较大。当然，没有供给主体的交易平台，就无法实施真正的交易。

8. 需求主体与交易平台主体

碳汇的需求主体通过交易平台，实现交易，完成碳汇从供给转移到需求的一系列程序。没有交易平台，需求主体自主寻找卖家，交易的机会成本会大很多。另一方面，没有需求的交易平台，也无法实施真正的交易。

9. 监管主体与交易平台主体

监管主体关于林业碳汇相关的政策制度、文件发布及其执行，需要通过交易平台来进行，交易平台主体的工作是一个流程性的系统。在交易平台，主体的交易情况及数据资料反馈给监管主体以便对相应的政策制度、实施文件等的实施结果进行评价，从而便于监管主体对相关政策制度的调整和完善。

总之，需求主体与供给主体相互影响，监管主体的制度、政策影响供给主体、需求主体、第三方机构、交易平台主体，相应地，这些主体的运行状况又影响监管主体的监管方式以及制度、政策的调整和修改。林业碳汇价值实现机制各行为主体的相互关系见图 4-4。

4.3.2 系统层次性

1. 第一平行层次

需求主体、供给主体、监管主体、技术支撑体系主体、交易平台主体，既相互影响又相互独立，但它们是林业碳汇价值实现不可缺少的因

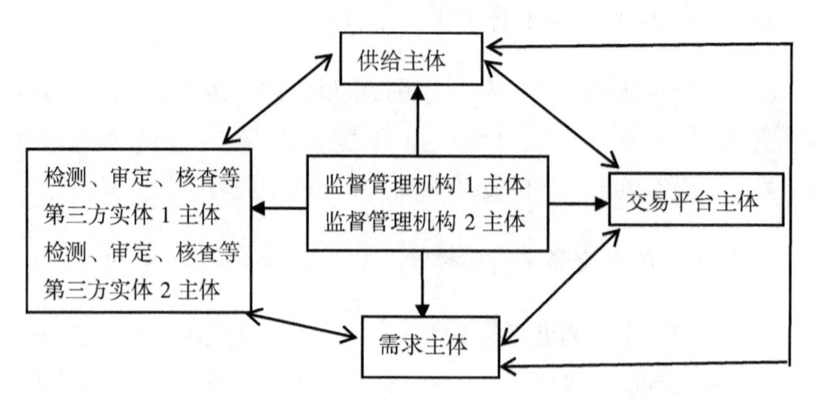

图 4-4 林业碳汇价值实现机制主体相互影响图

素，因此，把它们作为第一个平行层次，也是最低层、最基本的主体层次。

2. 第二平行层次

由于供给碳汇整体的形成，需要监管主体的政策、制度的创造，需要监测、核查等第三方机构的技术认证等工作，最终才能确定碳汇的供给。所以供给主体，监督管理机构 1① 主体，监测、审定核查等第三方机构 1② 主体形成一个供给系统。同样需求主体需要政策制度的催生，除公益性需求之外，更有碳抵消或储存碳权的需求，那么要抵消碳排放，得审查核证碳排放情况(工业生产的清洁发展机制)，所以也需要

① 对碳汇供给主体的监管机构与碳汇的需求主体的监管机构并不是重叠的，故把对碳汇供给主体进行监督管理的主体称为监管 1 主体，把对碳汇需求主体进行监督管理的主体称为监管 2 主体。

② 对碳汇供给主体的监测、核证等技术支撑体系中的第三方机构或实体与碳汇需求方主体并不相同，故把对碳汇供给主体的碳汇进行监测、核证等的第三方机构称为第三方 1 机构主体，把对碳汇需求主体进行碳汇计量的主体称为第三方机构 2 主体。

核查核证等第三方机构2①主体，监督管理机构2②主体，监测、审定核查等第三方机构2主体构成需求系统。交易平台实现交易需要遵循监管主体的相关政策制度的需求，也需要需求主体和供给主体进行交易，需要交易平台主体来完成，所以，供给主体、需求主体、交易平台主体、监管主体构成了交易大系统。这就构成了林业碳汇价值实现机制的第二个层次，或者第二平行层次或子系统：供给系统(供给主体，监督管理机构1主体，监测、审定核查等第三方机构1主体)；需求系统(需求主体，监督管理机构2主体，监测、审定核查等第三方机构2主体)；交易系统(供给主体，需求主体，交易平台主体，监管主体)，其相互之间的关系见图4-4。

3. 第三层次

需求系统、供给系统、交易平台系统，这3个子系统相互作用相互影响，最终形成了碳汇价值实现机制系统，即整体大系统。这就是林业碳汇价值实现机制的第三个层次，在这个层次里面，需求系统、供给系统、交易平台系统各个系统相互作用，既排斥也吸引，相互之间的作用有强有弱，但它们可以融合成一个新的系统，即林业碳汇价值实现机制系统。

4. 层次划分的衍生

由于系统各个主体相互之间的交互适应性，将系统的层次进行了上面3个层次的划分，这是基础，是抛开了地区的不同、行业的不同的划

---

① 对碳汇供给主体的监管机构与碳汇的需求主体的监管机构并不是重叠的，故把对碳汇供给主体进行监督管理的主体称为监管1主体，把对碳汇需求主体进行监督管理的主体称为监管2主体。

② 对碳汇供给主体的监测、核证等技术支撑体系中的第三方机构或实体与碳汇需求方主体并不相同，故把对碳汇供给主体的碳汇进行监测、核证等的第三方机构称为第三方1机构主体，把对碳汇需求主体进行碳汇计量的主体称为第三方机构2主体。

分，但没有按照其他标准进行具体不同机制的划分。由于系统主体之间的作用方式的多样性、对其作用方式逻辑关系的理解可以从多层面来进行，所以对于系统的层次的划分可以多维进行。从主体这个角度而言，在林业碳汇价值实现机制中的主体众多，各主体所在的地域不同，如果从各主体地域的角度来划分，归纳起来有国际主体、国家主体以及其他主体，包括需求主体以及供给主体、监管主体、技术支撑体系主体、交易平台主体等；从产业的角度而言，可以划分为林业部门相关主体，工业部门相关主体，其他相关产业主体等。按照除基础交易流程标准划分之外的这些层次的划分，作为基本层次的衍生，它和基本层次之间不是冲突的，由于系统的开放性以及涌现性等特点，这些系统相互之间是融合的，具有耦合性，但又各具个性，具体的层次划分见表 4-3。

表 4-3 **林业碳汇价值实现机制的系统层次**

<table>
<tr><th colspan="2" rowspan="2">层次类别</th><th colspan="3">按照系统由低到高的内在逻辑</th></tr>
<tr><th>第一平行层次</th><th>第二平行层次</th><th>第三平行层次</th></tr>
<tr><td rowspan="3">按主体的地域范围</td><td>国际层次</td><td>国际需求主体、供给主体、监管主体、技术支撑体系主体、交易平台主体</td><td>国际供给系统，需求系统，交易系统</td><td>国际整体大系统</td></tr>
<tr><td>国家层次</td><td>国家需求主体、供给主体、监管主体、技术支撑体系主体、交易平台主体</td><td>国家供给系统，需求系统，交易系统</td><td>国家整体大系统</td></tr>
<tr><td>其他层次</td><td>其他需求主体、供给主体、监管主体</td><td>其他供给系统，需求系统，交易系统</td><td>其他整体大系统</td></tr>
<tr><td rowspan="3">按照产业</td><td>林业产业</td><td>林业需求主体、供给主体、监管主体、技术支撑体系主体、交易平台主体</td><td>林业供给系统，需求系统，交易系统</td><td>林业整体大系统</td></tr>
<tr><td>工业产业</td><td>工业需求主体、供给主体、监管主体、技术支撑体系主体、交易平台主体</td><td>工业供给系统，需求系统，交易系统</td><td>工业整体大系统</td></tr>
<tr><td>其他产业</td><td>其他需求主体、供给主体、监管主体、技术支撑体系主体、交易平台主体</td><td>其他产业供给系统，需求系统，交易系统</td><td>其他产业大系统</td></tr>
<tr><td>…</td><td>…</td><td>…</td><td>…</td><td></td></tr>
</table>

注：省略号表示还可以有其他的不同层次的划分，但是无论怎样划分，都是基于第一层次、第二层次、第三层次的基础上的划分。

5 中国林业碳汇价值实现机制的演化博弈分析——复杂适应性系统发展过程分析

5.1 引言

演化博弈论认为群体中主体之间的相互作用是一个动态的不断变化的过程，这个过程是群体中的主体对他们所处的局势的动态变化过程，这个局势由博弈的环境与主体的状态组成。博弈局势与主体的行为是相互依赖的，主体的理性行为是根据博弈的局势来进行调整的，这种调整是不断进化或演化的表现。主体或者参与人的理性，在这里主要是有限理性在演化的进程中被表征出来。理性实际上是参与人在进行选择时所依据的规则，在很多情况下被描述成个体的选择偏好。因此参与人或者适应性主体在对博弈局势的认识与学习中确定动态演化的行为选择规则，或者说决策机制便被称为演化博弈中的有限理性。演化博弈是对经典博弈的延伸与发展，演化博弈可以理解为适应性主体的一种学习行为，它突破了经典博弈的完全理性、共同知识性等理论假设的限制，认为博弈中参与人可以具有有限理性，可以通过总结经验、吸取教训等方式相互学习，不断调整自己的行为及决策方式，这种行动决方式与现实比较贴近与吻合。如何根据具体情况构造动态机制来模拟演化博弈中博弈人的学习和决策过程是国内外学者一直致力于解决的问题，即确定博弈人的学习机制和策略演化的过程是演化博弈问题分析的关键。演化博弈中参与人的动态机制归纳起来主要有复制动态、Logic 动态、BNN 动态、Smith 动态等几种。其中复制动态模型在关于演化生物学、社会学和经济管理学的博弈模型分析中运用得比较多。如周旻、邓飞其(2007)用复制动态演化博弈研究供应链的策略问题；田中禾、孙权(2012)用复制动态演化博弈分析集聚经济下产业集群内竞合行为的影响因素等问题；李守伟、杨玉波、李备友(2013)用复制动态博弈研究产学研合作的稳定性分析；王济川、郭丽芳(2013)用复制者动态模型研究影响效益型团队合作的 6 个相关因素并找出各变量的具体作用。

林业碳汇的发展是全球各国在减缓与适应气候变化的不断谈判中演化而来的。虽然 2015 年《巴黎协定》的达成明确了后京都机制的前景，但其发展历程可能漫长而曲折。但是后京都机制的发展关乎全球碳市场的发展，关乎林业碳汇市场的发展，因此对后京都机制的研究很有必要。关于后京都的研究主要集中在以下几个方面：一是关于后京都时代国际政策走势或后京都时代气候制度的研究，如蒋小翼(2011)、徐文文(2008)、刘雅倩(2013)、丁丽(2010)、陈迎(2005)、陆静(2010)等从法律的角度研究了这个问题；二是后京都时代缔约国在气候变化中减排的配额分配研究，如孙法柏(2009)、朱潜挺(2014)、张友国(2015)等研究了碳配额的分配方式、模式、额度等问题；三是后京都时代碳权产品定价或成本问题，以及碳基金的分配等问题，如黄海峰等(2015)、崔连标等(2014)对碳期货、碳期权等进行了研究；四是关于后京都格局下我国的应对措施等研究，如庄贵阳(2008)、王江(2009)等研究了后京都时代中国的战略以及谈判立场等问题；另外还有其他的研究，比如陈梁(2015)研究了气候行动的集体行动困境，荆克迪(2014)研究碳减排的国际合作问题等。后京都格局的国际碳减排的博弈是一种动态演化的过程，但搜寻现有资料采用动态演化过程来分析的较少。

国内着手 CDM 机制的林业碳汇工作的开展，从 2005 年便开始了，到目前林业碳汇的价值实现机制的工作有了很大进展，但是问题也很多。国内关于林业碳汇的分析主要集中在碳汇功能、碳汇的计量、碳汇的成本收益、碳汇的风险等方面，如黄宗汇等(2015)、卢鹤立等(2014)、雪明等(2013)对林业碳汇的相关问题的研究。在研究方法上主要以定量分析或者案例分析等为主，很少有从演化博弈的角度来研究林业碳汇的价值实现机制的。

综合以上这些情况可知，对后京都时代林业碳汇的研究很有必要，用演化博弈的方法来研究经济管理问题比较普遍，而现有的从演化博弈的角度来研究后京都时代林业碳汇价值实现机制的比较少。本书从演化博弈的角度，综合、借鉴已有研究的成果，分析中国林业碳汇价值实现机制中相关主体的决策行为，以期在后京都时代能为中国林业碳汇价值实现机制的发展提供一定的参考建议。由于后京都时代林业碳汇价值实现机制的复杂系统的层次性，下文将从3个层次研究其演化过程，即国际层次、国内需求、国内供给层次进行分析，寻求其演化稳定状态。

5.2 模型假设

5.2.1 基本情况

1. 国际气候谈判演化的供需格局

(1)总结气候谈判会议的分歧及焦点

联合国气候变化大会虽然自20世纪开始一直在举行，但全球生态环境还是陷入危机，极端气候、暖化、污染问题依旧层出不穷，对此问题解决方案的谈判举步维艰的原因之一在于“共同但有区别的责任”。这个原则是联合国气候谈判中的一个原则，该原则指出地球是我们共同的家园，应对气候变化不是哪个国家或哪些国家的事情，而是全球的共同责任，但是各个国家的发展水平不一样，历史排放程度不一样，因此在具体责任的担负上应该有所不同。但具体区别在哪里，如何区别是谈判陷入僵局或者谈判意见不能取得一致，具体表现为：首先是减排的额度在各国之间如何分配，主要是各个发达国家具体的减排任务如何确定；另外是对发展中国家的资金技术支持的额度是多少、按照什么时间进程到位等问题；再就是对于发展中国家，特别是对于那些碳排放量比较大的发展中国家而言，是应该承担有约束的减排目标，还是由该国自由决定减排的问题，如果承担有约束的减排任务应该具体从哪一年开始等问题。尽管分歧依旧，但各个国家的政府或者非政府机构已经或者正在根据本国的经济发展情况、气候情况采取不同的措施。2015 年《巴黎协定》采用自下而上的方式解决了哪些国家应减排多少温室气体，哪些国家该出多少资金的问题，但关于资金援助和技术支持的具体问题还没有解决好，有待进一步研究。

(2) 各国气候政策体系实施的情况

无论是接受具体减排任务还是不接受，发达国家的需求创造可以分为 3 种情况，第一种是欧盟模式，即对 CO_2 的排放有总量的控制，分阶段逐步实施，严格执行。第二种模式是日本模式。以东京碳交易市场为例，其做法是抓住重点行业、强制减排、进行立法保障，动员社会全员参与。第三种就是美国模式。美国对待《京都议定书》的态度反复无常，在 1998 年加入，但到 2001 年 3 月又单方面退出。尽管美国这种做法遭到全世界的谴责，但美国国内各州的减排行动仍在积极进行，许多区域性碳排放贸易体系业已形成，碳排放贸易异常活跃。比如区域温室气体倡议(RGGI)便是一个区域性的合作组织，该组织以州为基础进行排放贸易组建工作，RGGI 协议规定了签约各州温室气体排放的上限。该组织将电力行业作为控制排放的部门，纳入减排的电力企业是这样一些企业，即企业位于该区域，企业的燃料一半以上是化石燃料且装机容量不低于 25 兆瓦，时间是从 2005 年算起。再如西部气候倡议(WCI)，该气候组织明确提出建立独立的区域性排放贸易体系，该组织内的各州联合制定气候变化政策，共同推动政策的实施，它的目标是到2020年该区域的温室气体排放量比2005年降低15%，参与该贸易体系中的控排企业的配额一部分是通过拍卖方式获得的，一部分是通过无偿分配的方式获得的。此外，还有芝加哥气候交易所(CCX)，该交易所以会员制进行运营，加入CCX的会员必须作出自愿但具有法律约束力的减排承诺。

目前发展中国家没有具体的减排义务，发展中国家根据国家的发展情况自主安排减缓与适应气候变化的措施及进程，发展中国家都在采取相应的行动。发展中国家的碳排放体系根据各国具体的碳排放情况及经济发展水平和生态环境的情况分为两种情况。一种是有国家总目标的排放体系，比如韩国、印度等。还有一种是没有国家总目标的、处于局部试点进行的排放体系。部分国家创建碳贸易体系的相关情况如表5-1所示，表中主要列出了部分国家碳排放体系中的一些关键要素，比如控排部门、林业碳汇抵消的额度、配额的安排、是否有国家总目标、有没有相应的惩罚机制等。

表5-1 碳排放贸易体系的相关机制(关键要素)

国家地区	碳市场	控排部门	林业等碳抵消额度	配额发放/是否有总目标	惩罚机制
美国	RGGI；WCI；CCX	电力行业	<3.3%(RGGI)	拍卖>10%(一阶段) >25%(二阶段) 无国家总目标	加入CCX的会员必须作出自愿但具有法律约束力的减排承诺
欧盟	欧洲碳排放贸易体系EU-ETS	由排放较大的行业开始，逐渐覆盖	遵从《京都议定书》的规定	免费+拍卖相结合； 有国家总目标	试运行阶段，每超排放1吨CO_2，处罚40欧元，正式运行阶段，100欧元/吨，且还要从次年的排放许可权中扣除超额量

续表

国家地区	碳市场	控排部门	林业等碳抵消额度	配额发放/是否有总目标	惩罚机制
日本	东京碳交易市场	大型 CO_2 排放者	遵从《京都议定书》的规定	有国家总目标 大型 CO_2 排放者强制减排	强制性碳排放配额交易制度，立法推进
韩国	韩国碳市场	>2.5 吨/年单一企业； >12.5 万吨/年企业集团； 自愿减排者； 政府储备<25%	<10%	免费+配额拍卖分阶段免费的比例：100%，97%，90%	未履约的将以大于市价 3 倍进行罚款，最高不超过 10 万韩元/吨
新西兰	统一碳市场	分行业，逐渐覆盖	无上限	免费+拍卖 有国家总目标，但无市场总目标	有权利、义务及罚则的规章制度
澳大利亚	统一碳市场	能源、工业、加工等	突破 5% 的上限，可达无限	购买	对控排企业征收碳税等

(3)发达国家与发展中国家在后京都的策略

国家在应对减缓与适应气候变化的问题之一即是否有额定的减排任务，综合而言，发达国家和发展中国家对减排的额度有两种决策机制或策略：弹性目标，即没有国家减排的总目标，如美国、中国等国家采用这种策略；定额目标，即有国家的减排总目标，如欧盟、韩国等有减排的总目标。发达国家在气候谈判中的策略或实际中可能采取的策略有 3 种情况，它们是：接受具体减排任务，给予发展中国家资金及技术支持；对于具体分配的减排任务采取接受的态度，对于发展中国家的应对气候变化不提供资金与技术支持；对于具体的减排任务不接受，不给予发展中国家资金及技术支持。发展中国家可以采取定额目标，也可以采取弹性目标。

2. 中国气候政策的做法——林业碳汇需求创造

结合表5-1，分析澳大利亚、新西兰、韩国、欧盟、英国的林业碳汇的需求创造的机制过程以及中国的林业碳汇的需求创造状况，大致可以归纳为这样4步。第一步，确定碳排放配额，确定控排单位。第二步，配额的分配，主要采取免费和拍卖方式进行，各种方式获得配额的比例根据各国的具体情况由各国来决定。第三步，关于林业碳汇参与碳市场的“碳抵消”机制的规定。“碳抵消”占碳市场配额的比例各国不相同，“碳抵消”形成了林业碳汇价值的部分实现。第四步，林业自愿市场的非抵消机制的需求创造或者林业需求创造的另外一种形式的相关规则等事项。

中国发展低碳经济是先进行地区试点，然后再在全国推进。国家发改委在2010年7月发出了《关于开展低碳省区和低碳城市试点的通知》，按照通知要求首批参与试点的地区有5省8市。从广东、湖北、上海、天津碳排放交易试点的情况来看，配额发放的方式是以免费为主，有的将减排额度一次性免费发放给企业，有的采用部分免费、部分有偿的方式进行发放。林业碳汇参与碳市场有抵消机制的，也有进行碳中和没有参与抵消机制的。

综上所述，站在政策制定主体的管理和监督的角度看，可以将林业碳汇需求创造的机制归纳为3种情况：抵消机制、非抵消机制、抵消机制+非抵消机制。与需求创造相对应，碳汇的需求主体可以决定是采用碳汇方式消费碳汇，还是不消费碳汇。

3. 中国气候变化政策的做法——林业碳汇的供给创造

林业碳汇的供给创造即是生产林业碳汇的过程或程序及相关的制度供给。林业碳汇是附着在林木产品中的，是林产品不可分割的一部分。一是林业碳汇产品供给过程中的一个关键问题是碳汇的计量，这涉及林业碳汇的技术支撑体系是否规范和统一。二是林业碳汇产权的清晰与否，只有清晰和明确的产权才能进行交易。三是林业碳汇、自然灾害的风险防范措施如何。林业碳汇取之于林木，而林木是非常容易受自然灾害、病虫害、火灾等影响的，一旦这种灾害发生，碳汇立即变成碳源，损失不可估量，因此与林业碳汇相关的林业内部或来自外部的保险机制非常必要。

综上所述，从监管主体角度而言，林业碳汇的供给机制状况可以总结为3种情况：统一的技术支撑体系；非统一的技术支撑体系；统一的技术支撑体系+保险机制。相对应的林业碳汇的供给主体，根据对碳汇市场的现状及将来的预期，可以决定采用供给碳汇或不供给碳汇两种策略。

5.2.2 基本假设

假设1 国家对气候问题进行管理和监督时，首先是制定气候变化的战略，然后决定是否发展碳权市场以及林业碳汇在碳权市场中的地位和作用。最后才是具体的指导意见。但不管怎样，减缓和适应气候变化假定为每个国家都应该考虑的问题或正在考虑的问题。

假设2 国家是有限“理性人”。国家的偏好是集环境问题、经济问题、社会问题及政治问题等的综合权衡，不同的时期，国家对环境问题、经济问题、社会问题及政治问题给予的关注是不同的，因此国家赋予各方面的权重及对应的效用是不一样的，因此国家的偏好是动态变化的。

假设3 发达国家在减缓与适应气候变化中的主要措施是：接受具体目标，不接受具体目标，给予资金与技术支持，不给予资金与技术支持。

假设4 发展中国家在减缓与适应气候变化汇总的主要措施是：接受有约束的目标，或自由减排到一定期限后再接受有约束的目标。在具体的实施中为弹性目标或定额目标。

假设 5 定额目标是指虽然发展中国家还没有被要求承担京都机制下的减排目标，但各个国家在采取政策时，还是会根据本国的具体情况采取一定的定额目标，即国家总量的一个固定值。

假设 6 弹性目标是指采取的目标没有达到《京都议定书》要求的目标，给自己的减排留有余地，或者采用能源的单位减排量给自己留有余地，或有一些制度政策的出台没有量化的目标等现象，或者只有区域性的目标而没有国家总目标等。

假设 7 假设碳汇需求的监测主体是有限理性的。

假设 8 假设碳汇的需求主体是有限理性的。

假设 9 假设国家对于林业碳汇的需求可以采取的措施为：非抵消机制、抵消机制、抵消机制+非抵消机制。

假设 10 假设碳汇消费主体可以选择消费碳汇或者不消费碳汇两种措施。

假设 11 假设碳汇价值的实现机制是市场机制，暂不考虑公共财政补贴。

假设 12 假设碳汇的供给主体是有限理性的。

假设 13 假设供给的监管主体是有限理性的。

假设 14 假设国家对林业碳汇的供给创造可以采取的措施为：非统一的技术支撑体系、统一的技术支撑体系、统一的技术支撑体系+保险机制。

假设 15 假设碳汇供给主体可以采取供给或者不供给碳汇两种措施。

假设 16 假设国家的林权清晰，碳汇的产权属性清晰。

假设 17 假设对政府(各级)的绩效考核是绿色 GDP，CO_2的减排作为考核的指标之一。

5.3 演化博弈模型的构造

5.3.1 国际碳排放博弈模型

1. 博弈的主体

在国际气候谈判中关于碳排放权的配额、资金及技术支持等问题的博弈中，博弈的主体为发展中国家与发达国家。

2. 博弈的策略

发达国家的策略：技术、资金支持，接受具体的减排任务；技术、资金不支持，接受具体的减排任务；不接受具体的减排任务。用 x_1 表示技术资金支持，接受具体任务，x_2 表示技术资金不支持，接受具体任务，x_3 表示不接受具体任务。用 p_1 表示技术资金支持，接受具体任务发生的概率；p_2 表示技术资金不支持，接受具体任务发生的概率；用 $(1-p_1-p_2)$ 表示不接受具体任务发生的概率。

发展中国家的策略：定额目标；弹性目标。用 y_1 表示定额目标情况，用 y_2 表示弹性目标情况。用 q 表示定额目标情况出现的概率；用 $(1-q)$ 表示弹性目标情况出现的概率。

3. 博弈矩阵及博弈得益

发达国家在技术及资金支持，接受具体任务的情况下，发展中国家采用定额目标的情况下，发达国家的得益为 A_{11}，发展中国家的得益为 B_{11}。发达国家在技术及资金支持，接受具体任务的情况下，发展中国家采用弹性目标的情况下，发达国家的得益为 A_{12}，发展中国家的得益为 B_{12}。

发达国家在技术及资金不支持，接受具体的减排任务的情况下，发展中国家采用定额目标的情况下，发达国家的得益为 A_{21}，发展中国家的得益为 B_{21}。发达国家在技术资金不支持，接受具体任务的情况下，发展中国家采用弹性目标的情况下，发达国家的得益为 A_{22}，发展中国家的得益为 B_{22}。

发达国家不接受具体任务的情况下，发展中国家采用定额目标的情况下，发达国家的得益为 A_{31}，发展中国家的得益为 B_{31}。发达国家不接受具体任务，而发展中国家采用弹性目标的情况下，发达国家的得益为 A_{32}，发展中国家的得益为 B_{32}。

具体的博弈矩阵以及得益情况见表 5-2。

表 5-2　　**联合国气候变化大会：国家间的博弈**

		发展中国家	
		(q) 定额目标 y_1	$(1-q)$ 弹性目标 y_2
发达国家	(p_1) 技术资金支持，接受具体任务 x_1	(A_{11}, B_{11})	(A_{12}, B_{12})
	(p_2) 技术资金不支持，接受具体任务 x_2	(A_{21}, B_{21})	(A_{22}, B_{22})
	$(1-p_1-p_2)$ 不接受具体任务 x_3	(A_{31}, B_{31})	(A_{32}, B_{32})

4. 基本模型

对于发达国家与发展中国家的演化博弈，运用基因复制动态过程的代际交叠模型，有 $\dot{S}_t^i = S_t^i(x^i)[U_t^i(x^i) - \overline{U}_t^i]$，$i = 1, 2$。

(1)发达国家 RD①

下面构造的是发达国家的基因复制动态方程。

$\dot{p}_1 = p_1[U_1^1 - \overline{U}^1]$

① RD 指的是基因复制动态方程。

$\dot{p}_2 = p_2[U_2^1 - \overline{U}^1]$

$U_1^1 = qA_{11} + (1 - q)A_{12}$

$U_2^1 = qA_{21} + (1 - q)A_{22}$

$U_3^1 = qA_{31} + (1 - q)A_{32}$

$\overline{U}^1 = p_1U_1^1 + p_2U_2^1 + (1 - p_1 - p_2)U_3^1$

(2)发展中国家 RD

下面构造发展中国家的基因复制动态方程。

$\dot{q} = q[U_1^2 - \overline{U}^2]$

$U_1^2 = p_1B_{11} + p_2B_{21} + (1 - p_1 - p_2)B_{31}$

$U_2^2 = p_1B_{12} + p_2B_{22} + (1 - p_1 - p_2)B_{32}$

$\overline{U}^2 = qU_1^2 + (1 - q)U_2^2$

$\dot{q} = q[U_1^2 - \overline{U}^2]$

5.3.2 国内需求系统基本模型

1. 博弈的主体

在创造碳排放价值实现机制的行动中，关于国内碳排放权需求系统的博弈主体包括两部分：需求监管主体与碳汇需求主体。

2. 博弈的策略

需求监管主体的策略：非抵消机制，抵消机制，非抵消机制+抵消机制。用 x_1 表示非抵消机制，x_2 表示抵消机制，x_3 表示非抵消机制+抵消机制。用 p_1 表示非抵消机制发生的概率；p_2 表示抵消机制发生的概率；用 $(1 - p_1 - p_2)$ 表示非抵消机制+抵消机制发生的概率。

碳汇需求主体的策略：消费碳汇以及不消费碳汇。用 y_1 表示消费碳汇情况，用 y_2 表示不消费碳汇情况。用 q 表示消费碳汇情况出现的概率；用 $(1-q)$ 表示不消费碳汇情况出现的概率。

3. 博弈矩阵及博弈得益

在需求监管主体采用非抵消的情况下，碳汇需求主体采用消费碳汇的情况下，监管主体的得益为 A_{11}，碳汇需求主体的得益为 B_{11}。在监管主体采用非抵消的情况下，碳汇需求主体采用不消费碳汇的情况下，监管主体的得益为 A_{12}，碳汇需求主体的得益为 B_{12}。

监管主体采用抵消的情况下，碳汇需求主体采用消费碳汇的情况下，监管主体的得益为 A_{21}，碳汇需求主体的得益为 B_{21}。监管主体采用抵消的情况下，碳汇需求主体采用不消费碳汇的情况下，监管主体的得益为 A_{22}，碳汇需求主体的得益为 B_{22}。

监管主体采用非抵消+抵消的情况下，碳汇需求主体采用消费碳汇的情况下，监管主体的得益为 A_{31}，碳汇需求主体的得益为 B_{31}。监管主体采用非抵消+抵消的情况下，碳汇需求主体采用不消费碳汇的情况下，监管主体的得益为 A_{32}，碳汇需求方的得益为 B_{32}。

具体的博弈矩阵以及得益情况见表 5-3。

表 5-3　　**监管主体与碳汇需求主体的博弈**

		碳汇需求主体	
		(q) 碳汇 y_1	$(1-q)$ 不碳汇 y_2
需求监管主体	(p_1) 非抵消 x_1	(A_{11}, B_{11})	(A_{12}, B_{12})
	(p_2) 抵消 x_2	(A_{21}, B_{21})	(A_{22}, B_{22})
	$(1-p_1-p_2)$ 非抵消+抵消 x_3	(A_{31}, B_{31})	(A_{32}, B_{32})

注：碳汇即消费碳汇，不碳汇即不消费碳汇。抵消即抵消机制，非抵消即非抵消机制。

4. 基本模型

对于碳汇的需求主体及监管主体的演化博弈，运用基因复制动态过程的代际交叠模型，有 $\dot{S}_t^i = S_t^i(x^i)[U_t^i(x^i) - \overline{U}_t^i]$，$i = 1, 2$。

(1)监管主体的 RD

下面构造对需求进行监管的主体的基因复制动态方程。

$$\dot{p}_1 = p_1[U_1^1 - \overline{U}^1]$$

$$\dot{p}_2 = p_2[U_2^1 - \overline{U}^1]$$

$$U_1^1 = qA_{11} + (1 - q)A_{12}$$

$$U_2^1 = qA_{21} + (1 - q)A_{22}$$

$$U_3^1 = qA_{31} + (1 - q)A_{32}$$

$$\overline{U}^1 = p_1U_1^1 + p_2U_2^1 + (1 - p_1 - p_2)U_3^1$$

(2)碳汇需求主体 RD

下面构造碳汇需求主体的基因复制动态方程。

$$\dot{q} = q[U_1^2 - \overline{U}^2]$$

$$U_1^2 = p_1B_{11} + p_2B_{21} + (1 - p_1 - p_2)B_{31}$$

$$U_2^2 = p_1B_{12} + p_2B_{22} + (1 - p_1 - p_2)B_{32}$$

$$\overline{U}^2 = qU_1^2 + (1 - q)U_2^2$$

$$\dot{q} = q[U_1^2 - \overline{U}^2]$$

5.3.3 国内供给系统基本模型

1. 博弈的主体

在创造碳排放价值实现机制的行动中，关于国内碳减排的供给系统中，博弈主体分为供给监管主体与碳汇供给主体两部分。

2. 博弈的策略

供给监管主体的策略：非统一技术支撑体系，统一技术支撑体系，统一技术支撑体系+保险机制。用 x_1 表示非统一技术支撑体系，x_2 表示统一技术支撑体系，x_3 表示统一技术支撑体系+保险机制。用 p_1 表示非统一技术支撑体系发生的概率；p_2 表示统一技术支撑体系发生的概率；用 $(1-p_1-p_2)$ 表示统一支撑体系+保险机制发生的概率。

碳汇供给主体的策略：供给碳汇以及不供给碳汇。用 y_1 表示供给碳汇情况，用 y_2 表示不供给碳汇情况。用 q 表示供给碳汇情况出现的概率；用 $(1-q)$ 表示不供给碳汇情况出现的概率。

3. 博弈矩阵及博弈得益

供给监管主体采用非统一技术支撑体系的情况下，碳汇供给主体采用供给碳汇的情况下，监管主体的得益为 A_{11}，碳汇供给主体的得益为 B_{11}。监管主体采用非抵消的情况下，碳汇供给主体采用不供给碳汇的情况下，监管主体的得益为 A_{12}，碳汇供给主体的得益为 B_{12}。

供给监管主体采用统一技术支撑体系的情况下，碳汇供给主体采用供给碳汇的情况下，监管主体的得益为 A_{21}，碳汇供给方的得益为 B_{21}。监管主体采用抵消的情况下，碳汇供给主体采用不供给碳汇的情况下，监管主体的得益为 A_{22}，碳汇供给主体的得益为 B_{22}。

供给监管主体采用非统一技术支撑体系+保险机制的情况下，碳汇供给主体采用消费碳汇的情况下，监管主体的得益为 A_{31}，碳汇供给主体的得益为 B_{31}。监管主体采用非统一技术支撑体系+保险机制的情况下，碳汇供给主体采用不供给碳汇的情况下，监管主体的得益为 A_{32}，碳汇供给主体的得益为 B_{32}。

具体的博弈矩阵以及得益情况见表 5-4。

表 5-4　**监管主体与碳汇供给主体的博弈**

		碳汇供给主体	
		(q) 碳汇 y_1	$(1-q)$ 不碳汇 y_2
监管主体	(p_1) 非统一技术支撑体系 x_1	(A_{11}, B_{11})	(A_{12}, B_{12})
	(p_2) 统一技术支撑体系 x_2	(A_{21}, B_{21})	(A_{22}, B_{22})
	$(1-p_1-p_2)$ 统一技术支撑体系+保险机制 x_3	(A_{31}, B_{31})	(A_{32}, B_{32})

注：碳汇指供给碳汇，不碳汇指不供给碳汇。

4. 基本模型

对于碳汇供给主体及监管主体的演化博弈，运用基因复制动态过程的代际交叠模型，有 $\dot{S}_t^i = S_t^i(x^i)[U_t^i(x^i) - \overline{U}_t^i]$，$i = 1, 2$。

(1)监管主体 RD

下面构造对供给进行监管的主体的基因复制动态方程。

$$\dot{p}_1 = p_1[U_1^1 - \overline{U}^1]$$

$$\dot{p}_2 = p_2[U_2^1 - \overline{U}^1]$$

$$U_1^1 = qA_{11} + (1-q)A_{12}$$

$$U_2^1 = qA_{21} + (1-q)A_{22}$$

$$U_3^1 = qA_{31} + (1-q)A_{32}$$

$$\overline{U}^1 = p_1U_1^1 + p_2U_2^1 + (1-p_1-p_2)U_3^1$$

(2)供给主体 RD

下面构造供给主体的基因复制动态方程。

$$\dot{q} = q[U_1^2 - \overline{U}^2]$$

$$U_1^2 = p_1B_{11} + p_2B_{21} + (1-p_1-p_2)B_{31}$$

$$U_2^2 = p_1B_{12} + p_2B_{22} + (1-p_1-p_2)B_{32}$$

$$\overline{U}^2 = qU_1^2 + (1-q)U_2^2$$

$$\dot{q} = q[U_1^2 - \overline{U}^2]$$

5.4 模型求解

5.4.1 复制动态方程求解

令 $\dot{p}_1 = 0$，$\dot{p}_2 = 0$，得到：

$$\dot{p}_1 = p_1\{qA_{11} + (1-q)A_{12} - p_1[qA_{11} + (1-q)A_{12}] - p_2[qA_{21} + (1-q)A_{22}] - (1-p_1-p_2)[qA_{31} + (1-q)A_{32}]\} = 0 \tag{5-1}$$

$$\dot{p}_2 = p_2\{qA_{21} + (1-q)A_{22} - p_1[qA_{11} + (1-q)A_{12}] - p_2[qA_{21} + (1-q)A_{22}] - (1-p_1-p_2)[qA_{31} + (1-q)A_{32}]\} = 0 \tag{5-2}$$

令 $\dot{q} = 0$，得到：

$$\dot{q} = q\{p_1B_{11} + p_2B_{21} + (1-p_1-p_2)B_{31} - q[p_1B_{11} + p_2B_{21} + (1-p_1-p_2)B_{31}] - (1-q)[p_1B_{12} + p_2B_{22} + (1-p_1-p_2)B_{32}]\} = 0 \tag{5-3}$$

得到系统的 8 个平衡点：(0，0，0)，(0，0，1)，(0，1，0)，(0，1，1)，(1，0，0)，(1，0，1)，$(p_1, 1-p_1, 0)$，$(p_1, 1-p_1, 1)$。其中 $p_1 = 1 - \dfrac{p_2\{qA_{21} + (1-q)A_{22} - [qA_{31} + (1-q)A_{32}]\}}{qA_{11} + (1-q)A_{12} - [qA_{31} + (1-q)A_{32}]}$。

现在对 8 个平衡点的稳定性进行分析，采用非线性系统的局部线性化处理，该系统的雅可比矩阵为：

$$\begin{bmatrix} \dfrac{\partial f_1}{\partial p_1} & \dfrac{\partial f_1}{\partial p_2} & \dfrac{\partial f_1}{\partial q} \\ \dfrac{\partial f_2}{\partial p_1} & \dfrac{\partial f_2}{\partial p_2} & \dfrac{\partial f_2}{\partial q} \\ \dfrac{\partial f_3}{\partial p_1} & \dfrac{\partial f_3}{\partial p_2} & \dfrac{\partial f_3}{\partial q} \end{bmatrix}$$

其中：

$$f_1 = \dot{p}_1 = p_1\{qA_{11} + (1-q)A_{12} - p_1[qA_{11} + (1-q)A_{12}] - p_2[qA_{21} + (1-q)A_{22}] - (1-p_1-p_2)[qA_{31} + (1-q)A_{32}]\}$$

$$f_2 = \dot{p}_2 = p_2\{qA_{21} + (1-q)A_{22} - p_1[qA_{11} + (1-q)A_{12}] - p_2[qA_{21} +$$

$$(1-q)A_{22}]-(1-p_1-p_2)[qA_{31}+(1-q)A_{32}]\}$$

$$f_3=\dot{q}=q\{p_1B_{11}+p_2B_{21}+(1-p_1-p_2)B_{31}-q[p_1B_{11}+p_2B_{21}+(1-p_1-p_2)B_{31}]-(1-q)[p_1B_{12}+p_2B_{22}+(1-p_1-p_2)B_{32}]\}$$

5.4.2 国际碳排放系统模型求解

针对国际碳排放情况的演化博弈，假设各种情况发生时，除了列举的状况不同之外，其他的事件(或情况)均相同，于是下面假定情况 1 和情况 2。情况 1 与情况 2 的争论点或者分歧的焦点在于弹性目标或者定额目标得益的大小问题，以及弹性目标与定额目标下得益差额的大小问题。具体的稳定状况见表 5-5 及表 5-6。

从表 5-5 中可以看出，在第一种情况下，稳定均衡是(0，0，1)或者(0，1，0)，即发达国家不接受安排的具体任务，发展中国家采用定额目标的策略；或者发达国家对技术与资金不给予支持，但接受具体的减排任务，发展中国家采用弹性目标的策略。从表 5-6 中可以看出，在第二种情况下，稳定均衡是(0，0，0)，即发达国家不接受具体任务，发展中国家采用弹性目标。

表 5-5　　国际碳排放系统情况 1 局部稳定性分析

平衡点	行列式的符号	迹的符号	局部稳定性
(0，0，0)	−	$(A_{12}-A_{32})+(A_{22}-A_{32})<-(B_{31}-B_{32})$，−	鞍点
(0，0，1)	+	$(A_{11}-A_{31})+(A_{21}-A_{31})>-(B_{32}-B_{31})$，+	不稳定
		$(A_{11}-A_{31})+(A_{21}-A_{31})<-(B_{32}-B_{31})$，−	ESS
(0，1，0)	+	$(A_{12}-A_{22})+(A_{32}-A_{22})>-(B_{21}-B_{22})$，+	不稳定
		$(A_{12}-A_{22})+(A_{32}-A_{22})<-(B_{21}-B_{22})$，−	ESS
(0，1，1)	+	$(A_{11}-A_{12})+(A_{31}-A_{21})>-(B_{22}-B_{21})$，+	不稳定

续表

平衡点	行列式的符号	迹的符号	局部稳定性
(1, 0, 0)	–	$(A_{32}-A_{12})+(A_{22}-A_{12})>-(B_{11}-B_{12})$, +	鞍点
		$(A_{32}-A_{12})+(A_{22}-A_{12})<-(B_{11}-B_{12})$, –	鞍点
(1, 0, 1)	+	$(-A_{11}+A_{31})+(A_{21}-A_{11})>-(B_{12}-B_{11})$, +	不稳定
(p_1, 1-p_1, 0)	0	–	鞍点
(p_1, 1-p_1, 1)	–	–	鞍点
$A_{11}<A_{21}<A_{31}$, $A_{12}<A_{22}<A_{32}$, $A_{11}>A_{12}$, $A_{21}>A_{22}$, $A_{31}>A_{32}$ $B_{11}<B_{12}$, $B_{21}<B_{22}$, $B_{31}<B_{32}$, $B_{11}>B_{21}>B_{31}$, $B_{12}>B_{22}>B_{32}$			

经济含义：对于发达国家而言，在其他条件均相同的情况下，接受具体任务与进行资金技术支持的收益小于接受具体任务不进行资金技术的支持，小于不接受具体任务的收益或效用；发展中国家的情况正好相反。在定额减排与弹性减排之间，对于发展中国家而言定额减排的收益小于弹性减排，发达国家则刚好相反。

表 5-6　　**国际碳排放系统情况 2 局部稳定性分析**

平衡点	行列式的符号	迹的符号	局部稳定性
(0, 0, 0)	+	$(A_{12}-A_{32})+(A_{22}-A_{32})>-(B_{31}-B_{32})$, +	不稳定
		$(A_{12}-A_{32})+(A_{22}-A_{32})<-(B_{31}-B_{32})$, –	ESS
(0, 0, 1)	–	$(A_{11}-A_{31})+(A_{21}-A_{31})<-(B_{32}-B_{31})$, –	鞍点
(0, 1, 0)	–	$(A_{12}-A_{22})+(A_{32}-A_{22})>-(B_{21}-B_{22})$, +	鞍点
		$(A_{12}-A_{22})+(A_{32}-A_{22})<-(B_{21}-B_{22})$, –	鞍点
(0, 1, 1)	–	$(A_{11}-A_{12})+(A_{31}-A_{21})>-(B_{22}-B_{21})$, +	鞍点
		$(A_{11}-A_{12})+(A_{31}-A_{21})<-(B_{22}-B_{21})$, –	鞍点
(1, 0, 0)	+	$(A_{32}-A_{12})+(A_{22}-A_{12})>-(B_{11}-B_{12})$, +	不稳定
(1, 0, 1)	–	$(-A_{11}+A_{31})+(A_{21}-A_{11})>-(B_{12}-B_{11})$, +	鞍点
		$(-A_{11}+A_{31})+(A_{21}-A_{11})<-(B_{12}-B_{11})$, –	鞍点

续表

平衡点	行列式的符号	迹的符号	局部稳定性
(p_1，$1-p_1$，0)	0	-	鞍点
(p_1，$1-p_1$，1)	-	-	鞍点
$A_{11}<A_{21}<A_{31}$，$A_{12}<A_{22}<A_{32}$，$A_{11}>A_{12}$，$A_{21}>A_{22}$，$A_{31}>A_{32}$			
$B_{11}>B_{12}$，$B_{21}>B_{22}$，$B_{31}>B_{32}$，$B_{11}>B_{21}>B_{31}$，$B_{12}>B_{22}>B_{32}$			

经济含义：对于发达国家而言，在其他条件均相同的情况下，接受具体任务与进行资金技术支持的收益小于接受具体任务不进行资金技术的支持，小于不接受具体任务的收益或效用；发展中国家的情况正好相反。在定额减排与弹性减排之间，对于发展中国家而言定额减排的收益小于弹性减排，发达国家也是如此。

5.4.3 国内需求模型求解

对于国内需求系统模型，假设各种情况发生时，除了列举的状况不同之外，其他的事件(或情况)均相同，于是下面假定情况 1 和情况 2。情况 1 和情况 2 的稳定均衡状态见表 5-7 和表 5-8。

表 5-7　　国内需求系统情况 1 局部稳定性分析

平衡点	行列式的符号	迹的符号	局部稳定性
(0，0，0)	+	$(A_{12}-A_{32})+(A_{22}-A_{32})>-(B_{31}-B_{32})$，+	不稳定
		$(A_{12}-A_{32})+(A_{22}-A_{32})<-(B_{31}-B_{32})$，-	ESS
(0，0，1)	-	$(A_{11}-A_{31})+(A_{21}-A_{31})<-(B_{32}-B_{31})$，-	鞍点
(0，1，0)	-	$(A_{12}-A_{22})+(A_{32}-A_{22})>-(B_{21}-B_{22})$，+	鞍点
		$(A_{12}-A_{22})+(A_{32}-A_{22})<-(B_{21}-B_{22})$，-	鞍点

续表

平衡点	行列式的符号	迹的符号	局部稳定性
(0, 1, 1)	-	$(A_{11}-A_{12})+(A_{31}-A_{21})>-(B_{22}-B_{21})$，+	鞍点
		$(A_{11}-A_{12})+(A_{31}-A_{21})<-(B_{22}-B_{21})$，-	鞍点
(1, 0, 0)	+	$(A_{32}-A_{12})+(A_{22}-A_{12})>-(B_{11}-B_{12})$，+	不稳定
(1, 0, 1)	-	$(-A_{11}+A_{31})+(A_{21}-A_{11})>-(B_{12}-B_{11})$，+	鞍点
		$(-A_{11}+A_{31})+(A_{21}-A_{11})<-(B_{12}-B_{11})$，-	鞍点
$(p_1, 1-p_1, 0)$	0	-	鞍点
$(p_1, 1-p_1, 1)$	-	-	鞍点
$A_{11}<A_{21}<A_{31}$，$A_{12}<A_{22}<A_{32}$，$A_{11}>A_{12}$，$A_{21}>A_{22}$，$A_{31}>A_{32}$			
$B_{11}>B_{12}$，$B_{21}>B_{22}$，$B_{31}>B_{32}$，$B_{11}<B_{21}<B_{31}$，$B_{12}<B_{22}<B_{32}$			

经济含义：对于监管主体而言，在其他条件均相同的情况下，采用非抵消机制收益小于采用抵消机制，小于非抵消机制+抵消机制的效用；碳汇需求方的情况也是如此。在碳汇需求方采用碳汇与不碳汇策略时，对于碳汇需求主体而言碳汇的收益大于不碳汇的收益，监管主体也是如此。

表 5-8 **国内需求系统情况 2 局部稳定性分析**

平衡点	行列式的符号	迹的符号	局部稳定性
(0, 0, 0)	-	$(A_{12}-A_{32})+(A_{22}-A_{32})<-(B_{31}-B_{32})$，-	鞍点
(0, 0, 1)	+	$(A_{11}-A_{31})+(A_{21}-A_{31})>-(B_{32}-B_{31})$，+	不稳定
		$(A_{11}-A_{31})+(A_{21}-A_{31})<-(B_{32}-B_{31})$，-	ESS
(0, 1, 0)	+	$(A_{12}-A_{22})+(A_{32}-A_{22})>-(B_{21}-B_{22})$，+	不稳定
		$(A_{12}-A_{22})+(A_{32}-A_{22})<-(B_{21}-B_{22})$，-	*ESS*
(0, 1, 1)	+	$(A_{11}-A_{12})+(A_{31}-A_{21})>-(B_{22}-B_{21})$，+	不稳定

续表

平衡点	行列式的符号	迹的符号	局部稳定性
(1, 0, 0)	−	$(A_{32}-A_{12})+(A_{22}-A_{12})>-(B_{11}-B_{12})$, +	鞍点
		$(A_{32}-A_{12})+(A_{22}-A_{12})<-(B_{11}-B_{12})$, −	鞍点
(1, 0, 1)	+	$(-A_{11}+A_{31})+(A_{21}-A_{11})>-(B_{12}-B_{11})$, +	不稳定
$(p_1, 1-p_1, 0)$	0	−	鞍点
$(p_1, 1-p_1, 1)$	−	−	鞍点
$A_{11}<A_{21}<A_{31}$, $A_{12}<A_{22}<A_{32}$, $A_{11}>A_{12}$, $A_{21}>A_{22}$, $A_{31}>A_{32}$			
$B_{11}<B_{12}$, $B_{21}<B_{22}$, $B_{31}<B_{32}$, $B_{11}<B_{21}<B_{31}$, $B_{12}<B_{22}<B_{32}$			

经济含义：对于监管主体而言，在其他条件均相同的情况下，采用非抵消机制收益小于采用抵消机制，小于非抵消机制+抵消机制的效用；碳汇需求方的情况也是如此。在碳汇需求主体采用碳汇或不碳汇策略时，对于碳汇需求主体而言碳汇的收益小于不碳汇的收益，监管主体刚好相反。

从表5-7中可以看出，在第一种情况下，稳定均衡是(0, 0, 1)或者(0, 1, 0)，即监管主体采用抵消+非抵消机制，碳汇需求主体采用不消费碳汇策略；或者监管主体采用抵消机制，碳汇需求主体采用消费碳汇的策略。在第二种情况下，稳定均衡是(0, 0, 0)，即监管主体采用抵消+非抵消机制，碳汇需求主体采用消费碳汇的策略。

5.4.4 国内供给模型求解

对于国内供给系统模型，假设各种情况发生时，除了列举的状况不同之外，其他的事件(情况)均相同，于是可以假定情况1和情况2。情况1和情况2的稳定均衡分析见表5-9和表5-10。

从表5-9中可以看出，在第一种情况下，稳定均衡是(0, 0, 1)或者(0, 1, 0)，即监管主体采用统一技术支撑体+保险机制，碳汇供给主体采用不供给碳汇策略；或者监管主体采用统一技术支撑体系，碳汇供给主体采用供给碳汇的策略。从表5-10中可以看出，在第二种情况下，稳定均衡是(0，0，0)，即监管主体采用统一技术支撑体系+保险机制，碳汇供给主体采用供给碳汇的策略。

表 5-9 **国内供给系统情况 1 局部稳定性分析**

平衡点	行列式的符号	迹的符号	局部稳定性
(0，0，0)	-	$(A_{12}-A_{32})+(A_{22}-A_{32})<-(B_{31}-B_{32})$，-	鞍点
(0，0，1)	+	$(A_{11}-A_{31})+(A_{21}-A_{31})>-(B_{32}-B_{31})$，+	不稳定
		$(A_{11}-A_{31})+(A_{21}-A_{31})<-(B_{32}-B_{31})$，-	ESS
(0，1，0)	+	$(A_{12}-A_{22})+(A_{32}-A_{22})>-(B_{21}-B_{22})$，+	不稳定
		$(A_{12}-A_{22})+(A_{32}-A_{22})<-(B_{21}-B_{22})$，-	*ESS*
(0，1，1)	+	$(A_{11}-A_{12})+(A_{31}-A_{21})>-(B_{22}-B_{21})$，+	不稳定
(1，0，0)	-	$(A_{32}-A_{12})+(A_{22}-A_{12})>-(B_{11}-B_{12})$，+	鞍点
		$(A_{32}-A_{12})+(A_{22}-A_{12})<-(B_{11}-B_{12})$，-	鞍点
(1，0，1)	+	$(-A_{11}+A_{31})+(A_{21}-A_{11})>-(B_{12}-B_{11})$，+	不稳定
(p_1，$1-p_1$，0)	0	-	鞍点
(p_1，$1-p_1$，1)	-	-	鞍点

$A_{11}<A_{21}<A_{31}$，$A_{12}<A_{22}<A_{32}$，$A_{11}>A_{12}$，$A_{21}>A_{22}$，$A_{31}>A_{32}$

$B_{11}<B_{12}$，$B_{21}<B_{22}$，$B_{31}<B_{32}$，$B_{11}<B_{21}<B_{31}$，$B_{12}<B_{22}<B_{32}$

经济含义：对于监管主体而言，在其他条件相同的情况下，采用非统一技术支撑体系收益小于采用统一技术支撑体系的效用，小于统一技术支撑体系+保险机制的效用；碳汇供给主体的情况也是如此。在碳汇供给主体采用碳汇或不碳汇策略时，对于碳汇供给主体而言碳汇的收益小于不碳汇的收益，监管主体刚好相反。

表 5-10 **国内供给系统情况 2 局部稳定性分析**

平衡点	行列式的符号	迹的符号	局部稳定性
(0，0，0)	+	$(A_{12}-A_{32})+(A_{22}-A_{32})>-(B_{31}-B_{32})$，+	不稳定
		$(A_{12}-A_{32})+(A_{22}-A_{32})<-(B_{31}-B_{32})$，-	ESS

续表

平衡点	行列式的符号	迹的符号	局部稳定性
(0，0，1)	-	$(A_{11}-A_{31})+(A_{21}-A_{31})<-(B_{32}-B_{31})$，-	鞍点
(0，1，0)	-	$(A_{12}-A_{22})+(A_{32}-A_{22})>-(B_{21}-B_{22})$，+	鞍点
		$(A_{12}-A_{22})+(A_{32}-A_{22})<-(B_{21}-B_{22})$，-	鞍点
(0，1，1)	-	$(A_{11}-A_{12})+(A_{31}-A_{21})>-(B_{22}-B_{21})$，+	鞍点
		$(A_{11}-A_{12})+(A_{31}-A_{21})<-(B_{22}-B_{21})$，-	鞍点
(1，0，0)	+	$(A_{32}-A_{12})+(A_{22}-A_{12})>-(B_{11}-B_{12})$，+	不稳定
(1，0，1)	-	$(-A_{11}+A_{31})+(A_{21}-A_{11})>-(B_{12}-B_{11})$，+	鞍点
		$(-A_{11}+A_{31})+(A_{21}-A_{11})<-(B_{12}-B_{11})$，-	鞍点
$(p_1，1-p_1，0)$	0	-	鞍点
$(p_1，1-p_1，1)$	-	-	鞍点
$A_{11}<A_{21}<A_{31}$，$A_{12}<A_{22}<A_{32}$，$A_{11}>A_{12}$，$A_{21}>A_{22}$，$A_{31}>A_{32}$			
$B_{11}>B_{12}$，$B_{21}>B_{22}$，$B_{31}>B_{32}$，$B_{11}<B_{21}<B_{31}$，$B_{12}<B_{22}<B_{32}$			

经济含义：对于监管主体而言，在其他条件相同的情况下，采用非统一技术支撑体系收益小于采用统一技术支撑体系，小于统一技术支撑体系+保险机制的效用；碳汇供给主体的情况也是如此。在碳汇供给主体采用碳汇或不碳汇策略时，对于碳汇供给主体而言碳汇的收益大于不碳汇的收益，监管主体也是如此。

5.5 结论及政策建议

5.5.1 结论

1. 国际供需模型的结论

结论一，演化稳定均衡状态随发达国家、发展中国家的碳汇成本与收益的变化而变化。均衡状态不是唯一的。比较而言(0，0，0)，(0，0，1)即发达国家不接受具体任务，发展中国家采用弹性目标或定额目标，更接近于《巴黎协定》拟定的“自主贡献”后京都机制，即发达国家采取自下而上“自主贡献”确定任务的方式确定碳排放额度，发展中国家根据国情自行决定的策略是一种稳定均衡。而现实的情况更接于第二种情况(0，1，0)的稳定均衡。即发达国家接受具体任务，但不给予资金技术支持，发展中国家弹性目标。之所以这么认为，是因为按照《京都议定书》的规定发达国家应该给发展中国家提供资金与技术支持，但由于没有强制的执行力以及追责的机制，实际的资助非常少，也就是说当各个国家的状况没有发生变化的时候，或者实力对比没有发生变化的时候，这种状态就接近一种稳定均衡状态。

结论二，发达国家与发展中国家之间的演化稳定状态不仅取决于博弈初始状态，还取决于博弈各方的学习策略调整速度。如果初始状态位于演化稳定状态的临界线，那么任何一方的状态发生细微变化，都可能导致演化稳定均衡状态发生变化。发展中国家与发达国家在博弈中的学习能力或者适应性不同程度的变化都会对演化稳定状态产生影响。

结论三，从发展中国家的角度而言，采用弹性目标的策略或采用定额目标的策略均有可能被作为最优策略。

结论四，从发达国家的角度而言，只要不是被硬性地给予具体的任务加上给予发展中国家资金与技术支持，其他策略均有可能是最优策略。

结论五，国际合作对减缓与适应气候变化是一种催化剂，是一种工具或渠道。节能减排、环保或林业发展问题是任何一个国家都必须解决的问题，特别是随着物质生活水平的提高，民生问题的进一步解决、生活质量提高的问题都会不可避免地涉及环保及节能减排问题，所以全球气候变化大会的作用只是在起催化剂的作用，是在尽可能地避免那个毁灭性的可能出现或延迟出现，但这很有必要。

2. 国内需求子系统

结论一，从需求角度看，国内需求系统稳定均衡不是唯一的。均衡状态不仅取决于监管主体与碳汇需求主体的初始状态，也与监管主体与碳汇需求主体的学习策略调整速度有关。若初始状态是在演化稳定的临界线，那么监管主体或者碳汇需求主体的状态的任何一个细微的调整，都可能会使得博弈的演化稳定状态发生变化。另一方面，监管主体在监管时监管的成本与收益会发生变化，碳汇需求主体采用消费碳汇与采用不消费碳汇策略时的成本与收益也会发生变化，那么可能会导致均衡状态从一种状态向另一种状态转化。

结论二，在两种情况的 3 种稳定均衡中，如果期望碳汇需求主体消费碳汇，那么监管主体的监管策略中需有抵消机制。

结论三，从碳汇需求主体角度而言，消费碳汇或不消费碳汇均有可能作为稳定均衡的策略。

结论四，从监管主体角度而言，无论哪种稳定均衡，单纯的非抵消机制不是稳定均衡策略。

3. 国内供给子系统

结论一，从供给角度看，国内供给系统稳定均衡不是唯一的。影响均衡状态的因素包括博弈之初的各博弈方的状态，不同的初始状态有不同的稳定均衡，并且不同的初始状况的变化会影响后续的稳定均衡。监管主体在监管时，监管的成本与收益会发生变化，碳汇供给主体供给碳汇与不供给碳汇的成本与收益也会发生变化，都有可能导致稳定均衡状态发生变化。影响均衡状态的另外的因素是供给主体与监管主体的学习能力的差异。

结论二，在两种情况 3 种稳定均衡中，如果期望碳汇供给主体供给碳汇，那么监管主体的监管策略中需有统一技术支撑体系的策略。

结论三，从碳汇供给主体角度而言，供给碳汇或不供给碳汇均有可能作为稳定均衡的策略。

结论四，从监管主体角度而言，无论哪种稳定均衡，单纯的非统一技术支撑体系不是稳定均衡策略。

4. 林业碳汇价值实现机制大系统

结论一，林业碳汇价值实现机制系统的稳定均衡状态不是唯一的，决定均衡状态的因素主要是各博弈主体的初始状况及其学习能力。

结论二，林业碳汇的"非统一技术支撑体系"、林业碳汇的"非抵消"机制、发达国家"不被硬性指派任务"是稳定状态不被采用的策略，其他的策略都有可能成为稳定均衡中被采用的策略。

5.5.2 政策建议

1. 国际气候谈判要不断创新

后京都机制的谈判从2006年到2015年才取得《巴黎协定》这个突破性的成果，可谓漫长而艰辛。能够取得这个成果有很多原因，可以说这个成果是一个多因素集成的产物，但一个不可忽视的因素是采用了"自下而上"的上报各个国家"自主贡献"减排措施、额度的方式，这相比于京都时代的"自上而下"强制分配减排额度是一种创新，这类似于公共物品供给的支付意愿法来确定公共物品的供给。对于减缓与适应气候变化我们还有很长的路要走，发达国家给予发展中国家的资金和技术援助等焦点问题也需要采用创新的方式解决落实，否则后京都机制的实现路程可能很艰难而漫长。

2. 根据国情形成一个统一的碳权大市场

节能减排是个大趋势，环境保护、生态保护也是中国目前要解决的问题之一。中国要根据国情确定自己的减排目标，要根据温室气体清单的总体状况，确定一个国家总的目标。在碳市场体系的建设过程中要整合各种资源，要有统一的林业碳汇技术支撑体系，有统一规范的规则、标准、程序，并且林业碳汇要以“碳抵消”的形式参与碳市场，“碳抵消”的额度需要一个弹性。

3. 健全抵消+非抵消及其他方式相结合的机制

从产业发展的角度而言，林业碳汇在林业发展中属于林业产业发展的一部分；在减缓与适应气候变化中是从属于工业减排等方式的，即以碳抵消模式参与，碳中和模式没有强制的对象。所以林业碳汇的定位决定了林业的发展是要借助这一工具或时机来拓宽林业融资的渠道，实现林业的持续健康发展，同时也为工业减排提供一个过渡的时期或缓冲的时间。待工业节能水平提高、碳捕捉技术成熟，抵消机制的碳汇可能就没有需求主体或者需求主体很少。所以抵消机制下的林业碳汇价值实现机制是不可持续的，必须有其他的机制作为支撑，那么就必须考虑抵消与非抵消机制等的结合。

4. 加强宣传，使参与者积极理性对待

根据市场状况，碳汇需求方自主决定是用林业碳汇还是消费其他碳权，碳汇供给方自主决定是供给碳汇还是通过木材生产获得收入，还是进行生态林建设为主。由于碳汇的供需方对碳汇的认识与了解还不是很清楚，这要求宣传碳汇知识，提高林业碳汇可能的供给者对林业碳汇的认识以及对碳汇前景的预测，以更好地比较供给碳汇与不供给碳汇给碳汇供给主体以及消费碳汇与不消费碳汇给碳汇需求主体带来的成本效益或成本效用，然后进行理性地判断或抉择，而不是“羊群效应”或非理性行为的抉择。

6 中国林业碳汇价值实现机制的微分博弈分析——复杂适应性系统控制优化目标分析

6.1 引言

6.1.1 随机微分博弈研究的主要内容

随机微分博弈已经逐渐发展与壮大，运用领域涉及经济、管理等。它的研究基础主要是由 3 篇论文共同奠定的：一篇是 1951 年 Isaacs 公开发表的研究零和微分博弈的论文，还有一篇也是 Isaacs 撰写的，是在 1965 年发表的《微分博弈》，最后一篇是 1966 年 Bellman 发表的《最优过程的数学理论》。随机微分博弈研究的内容主要体现在两方面：微分博弈的形式及微分博弈的解。由于随机微分博弈的形式表现在随机微分模型上，随机微分模型主要是以随机微分方程的形式体现的，所以关于随机微分博弈的形式的研究主要是关于随机微分方程的形式的研究。随机微分方程一般由两部分组成：漂流项和随机项。随机项体现的是随机运动对博弈主体的影响，一般的随机运动有布朗运动、高斯噪声、跳扩散等运动形式。随机微分方程是随机微分博弈的非常重要的研究内容，不少学者对此进行了研究。其中一类学者对带跳的随机运动方程进行了研究，比如王馨(2015)、郭冬梅(2014)、阎登勋(2014)等。还有一类学者研究的零和博弈的随机微分方程是带切换参数的线性二次方程，比如朱怀念等(2013)。方程的稳定性问题也是方程研究的一个方面，有一大批学者研究随机指数的稳定性问题，如韩艳丽等(2015)、朱伏波(2014)、张微(2014)、宗小峰(2014)等。如果随机微分方程无法解出来，那么博弈的解就不能确定，这将给微分博弈的研究提出难题，因此微分方程的解的研究是随机微分博弈的另一个重要的需要研究的问题。有学者将微分博弈方程的解法分为3种情况，开环纳什均衡、闭环纳什均衡以及反馈纳什均衡。这类学者认为可以运用 HJB 方程进行求解，只要解是足够光滑的；如果方程的扩散项是退化的，则不可以用 HJB 方程求解，可以考虑黏性解等其他形式的解法，如魏立峰(2009)等对 HJB 方程的求解问题进行了一定的研究。有学者对不定仿线性二次型随机微分方程的求解进行了研究，如朱怀念等(2012)。

6.1.2 在碳汇领域采用随机微分博弈进行的研究

对碳汇领域进行的研究集中在碳汇交易流程的各个子过程及整个过程方面；从研究方式而言，有实证研究也有规范研究。就研究方法而言，采用随机微分博弈进行研究的领域主要集中在政策方面。比如运用随机微分博弈研究排污税、碳税、环境政策等问题，Benchekroun 等(1998)、Rubio 等(2001)、Yanas(2007)等就采用随机微分博弈方法研究了碳汇价值实现机制的相关政策，Germain 等(2003)、Bernard 等(2008)运用随机微分博弈的方式研究了碳权交易许可证政策，Rubio 等(2005)运用随机微分博弈模型研究气候变暖问题的相关政策，Fernandez(2002)等运用随机微分博弈方法研究如何解决污水排放的政策问题等。

从已有的研究中可以发现，将随机微分博弈模型运用于碳汇研究的相关领域，主要集中在碳税、碳排放权、应对气候变化政策等方面，在碳汇量的控制中运用随机微分博弈的并不多，在对林业收入最大化的碳存量问题以及节能减排效应最大化的碳存量问题中运用随机微分博弈进行研究的也不多。由于林业碳汇量的控制、林业碳汇价值实现机制实际都是政策或者制度的产物，因此也属于政策、策略等方面的研究，所以适合采用随机微分博弈模型进行研究。另外，林业碳汇价值实现机制中的相关主体的行为本身具有随机性，比如碳汇供给及交易主体都具有随机的特性，所以可以借鉴随机微分博弈的研究方法对其行为进行研究，本书在借鉴已有的随机微分博弈的研究成果的基础上，采用该方法研究林业碳汇交易机制中如何控制碳汇量的策略问题、林业收入最大化时的碳存量控制问题、节能减排效应最大化时的碳汇量的控制问题，以期为林业碳汇价值实现机制的发展与完善提供相关建议。

6.2 模型假设

6.2.1 基本情况

要形成一个完善的健全的碳汇交易市场，需要明确交易的标底，交易主体的责任、权利、义务等，交易平台需要统一、交易流程要简单清楚。其中重要的一环是标底的额度，即碳排放权的额度问题，这也是在现实的交易中面临的难题之一。如果政策将碳排放权发放过多，那么排放主体就缺乏交易的需要，市场的流动性就会受到影响，碳交易市场的交易就比较冷淡，比如欧洲排放交易系统中的碳排放权的发放就存在这个问题。如果碳排放额度发放过少，就会使得碳权的价格过高，会促进碳权投机行为，会进一步抬高碳权价格，使得减排企业的成本提高，进而可能会影响宏观经济层面的价格水平。所以要建立一个健全的碳交易市场，碳排放权的适当控制就非常必要了，也非常重要。对于林业碳汇的发展也是如此。另外，林业碳汇还有一般工业碳权没有的特殊性，即从土地的有限性而言，对于碳排放额度的控制也非常重要。我国的国土面积是一定的，需要满足工业用地、农业用地、基础建设用地、城镇居民居住用等各个方面的要求。满足林业用地的土地也非常有限，我国森林的覆盖率目前是 21.63%，这个是第八次森林资源清查的数据，国家规划要逐步提高森林的覆盖率，能提高到多少呢？我国未利用的土地为 27.9%，这部分土地很多难以造林，由于沙漠或者造林方法学等问题，利用这部分土地进行造林的面积可能非常有限。如果利用已经利用的土地进行造林，必然牵涉到与其他部门争地的问题。所以林业碳汇的总量也是需要控制的，需要平衡土地在农业、建设、林业等各方面的规划，要根据已有林业以及可造林地的状况及规划，确定林业碳汇可用于交易或者能够实现价值的额度。

我国目前还没有强制减排的任务，我国的林业减排还处于试点探索阶段。林业碳汇造林地区的规划如何进行呢？在此按照各省各地区的情况来规划。各省根据各省的土地规划情况、已有林业及森林状况、各省的地势地貌等情况具体决定对林业用地规划以及现有林业的存量管理。所以下面将以省区为主体单位进行林业碳汇量控制的目标优化分析。

林业碳汇既可以属于林业发展的一部分，也可以归结为减缓和适应气候变化的领域。从林业局的角度而言，是希望林业产业收入的最大化。站在减缓与适应气候变化的角度看，是希望减缓与适应气候变化的效用最大化。所以下面也进行了林业收入最大化时的碳汇量目标优化以及减缓和适应气候变化的效用最大时碳汇量的目标优化分析。

6.2.2 基本假定

1. 省区间碳汇量目标控制：碳汇收益最大化

假定 1 在进行碳排放控制试点情况下，有些省份是试点区域而有些不是，假设试点的地区具有具体的减排任务，即额定的任务，没有参与的省区则没有固定的减排任务，即减排是弹性的。无论是额定的还是弹性的情况，假定各省区对于林业碳汇的发展是有规划的，主要是造林地的规划，在此认为碳汇收益的最大化是林业碳汇的规划者追求的目标。在博弈的过程中考虑两个省份，假定它们为参与人 i，$i=1, 2$。

假定 2 各省份之间的博弈环境是单一经济环境，即博弈参与主体的经济发展处于单一的经济环境中。

假定 3 博弈的时间是有限的时间区域，考虑的博弈时间记为 t，$t \in [0, T]$。

假定 4 参与人 i 在时间 t 的碳汇造林面积为 $q_i(t)$，$i=1, 2$，$t \in [0, T]$。

假定 5 参与人 i 在具有碳汇造林面积 $q_i(t)$ 时所能吸收的净碳汇量为 e_i，$e_i = h_i\{q_i(t)\}$，$i=1, 2$。一般情况下，碳汇林业面积越大，其储存的碳汇量就越大，所以碳汇量与碳汇林业面积的增加之间的关系是正向的，即函数 e_i 是严格递增的函数。

假定 6 博弈主体 i 碳汇造林面积的拥有量为 $q_i(t)$ 时，给该主体所在区域带来一定的净收入，假定这个净收入为 $r_i\{q_i(t)\}$。由于 $e_i = h_i\{q_i(t)\}$，$q_i(t) = h_i^{-1}e_i(t)$，所以 $r_i\{q_i(t)\} = r_i\{h_i^{-1}e_i(t)\}$。记 $R_i\{e_i(t)\} = r_i\{h_i^{-1}e_i(t)\}$，该函数是递增的凹函数，收益最终会下降，且 $R_i(0)=0$，$i=1, 2$。假定：$R_i(e_i(t)) = \alpha_i e_i(t) - \frac{1}{2}e_i^2(t)$。

假定 7 $B(t)$ 是维纳过程。

假定 8 在时间 t 内的林业碳汇存量为 $s(t)$。影响该碳汇存量的因素主要是以前植树造林的面积和分布等情况、林业维护情况以及砍伐毁林状况等，这里所说的林业碳汇存量是已有造林地的碳汇在理论上的存量。

假定 9 博弈主体 i 在进行林业碳汇地区的管理及经营的时候是需要花费成本的，假定为了获得一定的碳汇存量花费的成本为 $D_i\{s(t)\}$，假定其为单调递增的凸函数，记为 $D_i\{s(t)\} = \frac{1}{2}\beta_i s^2(t)$，

$i=1$，2。假定博弈主体2是试点地区，具有额定的减排任务，必须进行碳汇市场相关政策制度等的制定，并且需要相关主管部门的认可，博弈主体1不是试点地区，可以考虑建立独立的碳汇交易市场，也可以不考虑。在这种情况下，博弈主体1具有“搭便车”的动机，在这种情况下假定其对碳汇存量的维护是不努力的，其维护成本在这假定为0，于是有 $\beta_1=0$，$\beta_2\neq 0$ 的假定。

假定10 贴现率为 r，贴现因子假定为 e^{-rt}。

假定11 林业碳汇的增加对于各个博弈主体均有边际影响，假设各博弈主体 i 具有相同的林业碳汇边际影响，为了计算的方便均假定为1，即效用的值与碳汇量的值相同。

假定12 各博弈主体理论上具有的碳汇存量与实际具有的是有差别的，假定理论存量与实际存量之间满足一定的关系，即按照一定的转化率来折算，假定各博弈主体的碳汇量转化率为常数 ε，$\varepsilon>0$。

假定13 在林业碳汇项目的实施过程中经常会遇到一些突然的不确定性风险，这些风险主要由自然因素造成，比如自然灾害、病虫害等。这些不确定风险会影响碳汇的存量。把这些不确定因素对于林业碳汇存量的影响称为随机项，假定随机因子对于碳汇存量的影响为 σ，$\sigma\geqslant 0$ 且为常数。

假定14 假定博弈省区间关于碳汇交易可以是合作的，也可以是非合作的。

2. 林业收入最大化

假定1 林业收入有两部分：碳汇林业一部分碳汇价值实现以及木材收入。一般来说，只要是林业在树木被砍伐前也假定是具有固碳作用的，只是木材林固碳的能力相对碳汇林业弱些。碳汇林在碳汇时期是碳汇收入，碳汇期满木材采伐可以获得木材销售收入。

假定2 参与者有两类，一类是碳汇林参与主体，另一类是木材林或经济林参与主体，参与主体为 i，$i=1$，2。

假定 3 考虑的时间记为 t，$t \in [0, T]$。

假定 4 参与人 i 在时间 t 的造林面积为 $q_i(t)$，$i = 1, 2$，$t \in [0, T]$。

假定 5 参与人 i 具有碳汇造林面积为 $q_i(t)$ 时会吸纳一定的净碳汇，用函数 e_i 表示此时的净碳汇，$e_i = h_i\{q_i(t)\}$，$i = 1, 2$。一般情况下，碳汇林业面积越大，其储存的碳汇量就越大，所以碳汇量与碳汇林业面积的增加之间的关系是正向的，即 e_i 是严格递增的。木材林达到一定时间后会采伐，假定研究的时间是木材未采伐之前。

假定 6 参与人 i 造林面积为 $q_i(t)$ 时，所带来的净收入为 $r_i\{q_i(t)\}$。由于 $e_i = h_i\{q_i(t)\}$，$q_i(t) = h_i^{-1}e_i(t)$，故 $r_i\{q_i(t)\} = r_i\{h_i^{-1}e_i(t)\}$。记 $R_i\{e_i(t)\} = r_i\{h_i^{-1}e_i(t)\}$，该函数是递增的凹函数，收益最终会下降，且 $R_i(0) = 0$，$i = 1, 2$。假定：$R_i\{e_i(t)\} = \alpha_i e_i(t) - \frac{1}{2}e_i^2(t)$。

随着树龄的增长，碳汇增多，碳汇林业收入增加，木材在成熟，木材的价值也在增加，木材与碳汇是互补品。

假定 7 $B(t)$ 是维纳过程。

假定 8 在时间 t 内的林业碳汇存量为 $s(t)$。影响该碳汇存量多少的因素很多，主要由林业碳汇项目的存量面积、对于林业碳汇项目的经营管理状况、毁林砍伐等因素决定。这里的存量主要是理论上的存量，对已有造林项目而言，包括抵消机制和非抵消机制的。

假定 9 维护林业碳汇存量以及经营木材林需要花费成本，参与人 i 所花费的成本为 $D_i\{s(t)\}$，假定其为单调递增的凸函数，$i = 1, 2$。

$$D_i\{s(t)\} = \frac{1}{2}\beta_i s^2(t)。$$

假定 10 贴现率为 r，贴现因子假定为 e^{-rt}。

假定 11 林业碳汇的增加对于各个参与者均有边际影响，假设各参与主体 i 具有相同的林业碳汇边际影响，为了计算的方便均假定为 1，即效用的值与碳汇量的值相同。

假定 12 各参与方理论上具有的碳汇存量与实际具有的是有差别的，假定理论存量与实际存量之间满足一定的关系，即按照一定的转化率来折算，假定各参与者的碳汇量转化率为常数 ε，$\varepsilon > 0$。

假定 13 在林业碳汇项目的实施过程中经常会遇到一些突然的不确定性风险，这些风险主要有些自然因素造成，比如自然灾害、病虫害等。这些不确定风险会影响碳汇的存量。把这些不确定因素对于林业碳汇存量的影响称为随机项，假定随机因子对于碳汇存量的影响为 σ，$\sigma \geqslant 0$ 为常数。

假定 14 假设木材采伐后没有被立即燃烧，所固碳没有立即释放到空气中，仍被储藏在木材内，树枝等也没有作为薪柴处理。

3. 减缓与适应气候变化效用最大化

假定 1 在减缓与适应气候变化中有碳汇和减排两种方式，都具有保险机制。在博弈中他们为参与人 i，$i = 1, 2$。

假定 2 各省份之间的博弈环境是单一经济环境，即参与主体的经济发展处于单一的经济环境中。

假定 3 博弈的时间是有限的时间区域，考虑的博弈时间记为 t，$t \in [0, T]$。

假定 4 参与主体 1 是林业碳汇参与方，在时间 t 拥有的林业碳汇项目面积为 $q_1(t)$，参与人 2 在时间 t 的能源使用的减少量为 $q_2(t)$，$t \in [0, T]$。

假定 5 拥有一定的林业碳汇项目，便能吸收一定的碳汇量，假定参与主体 1 具有 $q_1(t)$ 的林业碳汇项目面积，能吸收 e_1 的净碳汇，$e_1 = h_1(q_1(t))$。一般随着碳汇项目面积增加，其吸收的碳汇量也会增加，碳汇量与林业碳汇面积具有正向关系，即函数 e_i 是严格递增的函数。参与人 2 在时间 t 的能源使用的减少量为 $q_2(t)$ 所减排的量为 e_2，$e_2 = h_2\{q_2(t)\}$，e_2 是严格递增的，$t \in [0, T]$。

假定 6 参与人 i 碳汇造林面积或者节能量为 $q_i(t)$ 时，所带来的净收入为 $r_i\{q_i(t)\}$。由于 $e_i = h_i\{q_i(t)\}$，$q_i(t) = h_i^{-1}e_i(t)$，故 $r_i\{q_i(t)\} = r_i\{h_i^{-1}e_i(t)\}$。记 $R_i\{e_i(t)\} = r_i\{h_i^{-1}e_i(t)\}$，该函数是递增的凹函数，收益最终会下降，且 $R_i(0) = 0$，$i = 1, 2$。假定：$R_i\{e_i(t)\} = \alpha_i e_i(t) - \frac{1}{2}e_i^2(t)$。

假定 7 $B(t)$ 是维纳过程。

假定 8 在时间 t 的减缓与适应气候变化的减排加上林业碳汇存量为 $s(t)$。

假定 9 由于维护林业碳汇存量参与人或者减排的参与人 i 所花费的成本为 $D_i(s(t))$，假定其为单调递增的凸函数，$i = 1, 2$。$D_i\{s(t)\} = \frac{1}{2}\beta_i s^2(t)$。

假定 10 贴现率为 r，贴现因子假定为 e^{-rt}。

假定 11 林业碳汇以及减排的增加对于各个参与者均有边际影响，假设各参与主体 i 具有相同的林业碳汇或者减排边际影响，为了计算的方便均假定为 1，即效用的值与碳汇量或减排量的值相同。

假定 12 各参与主体理论上具有的碳汇存量或者减排存量与实际具有的是有差别的，假定理论存量与实际存量之间满足一定的关系，即按照一定的转化率来折算，假定各参与主体的碳汇量或者减排存量转化率为常数 ε，$\varepsilon > 0$。

假定 13 在林业碳汇项目的实施过程中经常会遇到一些突然的不确定性风险，这些风险有些是自然因素造成的，比如自然灾害、病虫害等。这些不确定风险会影响碳汇的存量。把这些不确定因素对于林业碳汇存量的影响称为随机项。同样减排存量也会由于一些不确定因素受到影响。假定随机因子对于碳汇存量或减排存量的影响为 σ，$\sigma \geqslant 0$ 且为常数。

6.3 微分博弈模型的构造

6.3.1 合作随机微分博弈模型

在博弈期间的某时刻碳汇量由 3 部分组成，一是边际增量，即林业碳汇项目增加的碳汇增加量，二是实际存量，即已有碳汇林存量的转化量，三是随机因素等情况下的碳汇量的变化量，即可能是自然灾害频率的变化、人为灾害的控制、管理的改善、政策的变化等因素导致的林业碳汇量的变化。

在博弈期间内的净碳汇的累积量用随机微分方程来表示，该方程有两个部分，随机项和漂移项，这个动态过程表示如下。

$$\mathrm{d}s(t) = (e_1(t) + e_2(t)) + \varepsilon s(t) + \sigma s(t)\mathrm{d}B(t)$$

$$s(0) = s_0$$

假定参与人 i，$i = 1$，2 的期望目标函数为：

$$J_1 + J_2 = \max_{e_1,\ e_2} E\left\{ \sum_{i=1}^{2} \int_0^T [e^{-rt}(R_i(e_i(t)) - D_i(s(t)))\mathrm{d}t] \right\}$$

对于省区碳汇收益最大化情况以及林业收入最大化情况均使用此模型。对于减排和碳汇效用最大化情况同样使用此模型，只是此时$s(t)$的含义有所变化，表示的是减排及碳汇量，等于减排及碳汇的增量+已有减排及碳汇量+各种因素导致的减排及碳汇量的变化量。一般而言，某时刻的减排及碳汇量越多，林业碳汇量越多，在此这样假定。

6.3.2 非合作随机微分博弈模型

在博弈期间的某时刻碳汇量由 3 部分组成，一是边际增量，即林业碳汇项目增加的碳汇增加量，二是实际存量，即已有碳汇林存量的转化量，三是随机因素等情况下的碳汇量的变化，即可能是自然灾害频率的变化、人为灾害的控制、管理的改善、政策的变化等因素导致的林业碳汇量的变化。

在博弈期间内的净碳汇的累积量用随机微分方程来表示，该方程有两个部分，随机项和漂移项，这个动态过程表示如下。

$$ds(t) = (e_1(t) + e_2(t)) + \varepsilon s(t) + \sigma s(t) dB(t)$$

$$s(0) = s_0$$

假定参与人 i，$i = 1, 2$ 的期望目标函数为：

$$J_i = \max_{e_i} E\left\{ \int_0^T e^{-rt}[R_i e_i(t) - D_i(s(t))] dt \right\}$$

6.4 微分博弈的解

6.4.1 合作博弈解

考虑下面情况的反馈纳什解。

$$ds(t) = u[e_1(t) + e_2(t)] + \varepsilon s(t) + \sigma s(t) dB(t) \tag{6-1}$$

$$s(0) = s_0 \tag{6-2}$$

$$J_1 + J_2 = \max_{e_1, e_2} E\left\{ \sum_{i=1}^{2} \int_0^T [e^{-rt}(R_i(e_i(t)) - D_i(s(t))) dt] \right\} \tag{6-3}$$

命题 1 对于随机微分博弈问题(6-1)以及(6-3)可以构造一个策略来表示其反馈纳什均衡，该策略可以构造成 $\{\varphi_1^*(t, s), \varphi_2^*(t, s)\}$，如果存在连续函数 $w(t, s)$：$[0, T] \times R \to R$，且有连续偏导数 $w_s(t, s)$，$w_{ss}(t, s)$，$i = 1, 2$ 满足以下 Hamilton-Jacobi-Bellman-Fleming 方程：

$$rw(t, s) - \frac{\sigma^2 s^2}{2} w_{ss}(t, s)$$

$$= \max_{e_1, e_2} E\left\{ \sum_{i=1}^{2} \left[\alpha_i e_i(t) - \frac{1}{2} e_i^2(t) - \frac{1}{2} \beta_i s^2(t) \right] + w_s(t, s) \left[(e_1(t) + e_2(t) + \varepsilon s(t)) \right] \right\}$$

$$w(T, s) = 2gs^2$$

$\phi_i^*(t, s)$ 是参与主体 i 的最优控制，$i = 1, 2$。

命题 2 对于合作随机微分博弈方程(6-1)以及(6-3)，参与主体 1 以及参与主体 2 的反馈纳什均衡解分别为：

$$e_1(t) = \alpha_1 + [\alpha s(t) + b]$$

$$e_2(t) = \alpha_2 + [\alpha s(t) + b]$$

$$w(t, s) = \frac{1}{2} as(t)^2 + bs(t) + c$$

$$其中\ 0 = (r - \sigma^2 - 2\varepsilon)a - 2\alpha^2 + (\beta_1 + \beta_2) \tag{6-4}$$

$$0 = rb - (\alpha_1 + \alpha_2)\alpha - 2\alpha(t)b(t) - \varepsilon b \tag{6-5}$$

$$0 = rc - \frac{1}{2}(\alpha_1^2 + \alpha_2^2) + (\alpha_1 + \alpha_2)b - b^2 \tag{6-6}$$

因为 e_i 严格递增，由(6-4)得：

$$a = \frac{r - \sigma^2 - 2\varepsilon + \sqrt{(r - \sigma^2 - 2\varepsilon)^2 + 8(\beta_1 + \beta_2)}}{4}$$

由(6-5)得：

$$b = \frac{a(a_1 + a_2)}{r - 2a - \varepsilon}$$

由(6-6)得：

$$c = \frac{0.5(a_1^2 + a_2^2) - (a_1 + a_2)b + b^2}{r}$$

从命题 2 中的方程 $e_1(t)$、$e_2(t)$ 的表达式可以判断，与 $e_1(t)$、$e_2(t)$ 方程的反馈纳什均衡解相关的变量是当前时间和当前状态 s，无关于状态 s 的过去值。因此，反馈策略 $e_1(t)$、$e_2(t)$ 是马尔科夫的。

6.4.2 非合作博弈解

考虑下面两种情况的反馈纳什解。

$$\mathrm{d}s(t)=u[e_1(t)+e_2(t)]+\varepsilon s(t)+\sigma s(t)\mathrm{d}B(t) \tag{6-7}$$

$$s(0)=s_0 \tag{6-8}$$

$$J_1=\max_{e_1}E\left\{\int_0^T e^{-rt}(R_1(e_1(t))\mathrm{d}t\right\} \tag{6-9}$$

$$J_2=\max_{e_2}E\left\{\int_0^T[e^{-rt}(R_2(e_2(t))-D_2(s(t)))\mathrm{d}t]\right\} \tag{6-10}$$

命题 3 构造一个策略成为随机微分博弈问题(6-7)以及(6-8)的反馈纳什均衡解，该策略可以构造成 $\{u_1^*(t,s), u_2^*(t,s)\}$，如果存在连续函数 $V_i(t,s)$：$[0,T]\times R\to R$，且有连续偏导数 $V_{is}(t,s)$，$V_{iss}(t,s)$，$i=1,2$，满足以下 Hamilton-Jacobi-Bellman-Fleming 方程：

$$rV_{is}(t,s)-\frac{\sigma^2s^2}{2}V_{iss}(t,s)$$

$$=\max_{e_i}E\left\{\alpha_ie_i(t)-\frac{1}{2}e_i^2(t)-\frac{1}{2}\beta_is^2(t)+V_{is}(t,s)[u(e_i(t)+u_j^*(t,s))+\varepsilon s(t)]\right\}$$

命题 4 对非合作博弈(6-7)及(6-9)，(6-7)及(6-10)。博弈的参与人 1 和参与人 2 的反馈纳什均衡为：

$$V_1(t,s)=\frac{1}{2}A_1s^2+B_1s+C_1$$

$$V_2(t,s)=\frac{1}{2}A_2s^2+B_2s+C_2$$

$$e_1(t)=\alpha_1+(A_1s(t)+B_1)$$

$$e_2(t)=\alpha_2+(A_2s(t)+B_2)$$

其中，A_1、B_1、C_1 满足：

$$0 = rA_1 - \sigma^2 A_1 - 2A_1A_2 - 2\varepsilon A_1 - A_1^2 \tag{6-11}$$

$$0 = rB_1 - \alpha_1 A_1 - A_1B_1 - \alpha_2 A_1 - A_1B_2 - A_2B_1 - \varepsilon B_1 \tag{6-12}$$

$$0 = rC_1 - \frac{1}{2}\alpha_1^2 - \frac{1}{2}B_1^2 - \alpha_1 B_1 - \alpha_2 B_1 - B_1B_2 \tag{6-13}$$

A_2、B_2、C_2 满足：

$$0 = rA_2 - \sigma^2 A_2 - 2A_1A_2 - 2\varepsilon A_2 - A_2^2 + \beta_2 \tag{6-14}$$

$$0 = rB_2 - \alpha_2 A_2 - A_2B_2 - \alpha_1 A_2 - A_1B_2 - A_2B_1 - \varepsilon B_2 \tag{6-15}$$

$$0 = rC_2 - \frac{1}{2}\alpha_2^2 - \frac{1}{2}B_2^2 - \alpha_2 B_2 - \alpha_1 B_2 - B_1B_2 \tag{6-16}$$

从命题 4 中方程 $e_1(t)$、$e_2(t)$ 的表达式能够判断，影响方程 $e_1(t)$、$e_2(t)$ 的反馈纳什均衡策略的变量为当前时间以及当前的状态 s，不受状态 s 的过去值的影响，所以反馈策略 $e_1(t)$、$e_2(t)$ 是马尔科夫的。

由(6-11)式~(6-14)式得到：

$$(r - \sigma^2 - 2\varepsilon) - (A_1 + A_2) + \frac{-\beta_2}{A_1 - A_2} = 0,\ A_1 - A_2 \neq 0 \text{时} \tag{6-17}$$

由(6-6)~(6-9)得到：

$$(B_1 - B_2)(r - \varepsilon - A_2) + (\alpha_1 + B_1)(A_1 - A_2) = 0 \tag{6-18}$$

(6-7)~(6-10)得到：

$$r(C_1 - C_2) - \frac{1}{2}(\alpha_1^2 - \alpha_2^2) - \frac{1}{2}(B_1^2 - B_2^2) - (B_1 - B_2)(\alpha_1 + \alpha_2) = 0 \tag{6-19}$$

6.5 数值仿真分析

6.5.1 省区碳汇收益最大化

1. 合作博弈仿真

在进行数值仿真时采用 Matlab2012b 软件完成。根据影响 $ds(t)$ 的因素不同，本仿真考虑了5种要素的影响，分5种情况进行数值仿真，具体5种情况的赋值在表6-1中列出。

表6-1 **要素赋值**

参数		t/季度	α_1	α_2	β_1	β_2	r	ε	σ
t不同	值1	10	0.5	0.6	0	0.4	0.08	0.8	0.2
	值2	50	0.5	0.6	0	0.4	0.08	0.8	0.2
	值3	100	0.5	0.6	0	0.4	0.08	0.8	0.2
α_2不同	值1	10	0.5	0.6	0	0.4	0.08	0.8	0.2
	值2	10	0.5	0.7	0	0.4	0.08	0.8	0.2
	值3	10	0.5	0.8	0	0.4	0.08	0.8	0.2
ε不同	值1	10	0.5	0.6	0	0.4	0.08	0.8	0.2
	值2	10	0.5	0.6	0	0.4	0.08	0.7	0.2
	值3	10	0.5	0.6	0	0.4	0.08	0.6	0.2
σ不同	值1	10	0.5	0.6	0	0.4	0.08	0.8	0.2
	值2	10	0.5	0.6	0	0.4	0.08	0.8	0.1
	值3	10	0.5	0.6	0	0.4	0.08	0.8	0.01
β_2不同	值1	10	0.5	0.6	0	0.4	0.08	0.8	0.2
	值2	10	0.5	0.6	0	0.3	0.08	0.8	0.2
	值3	10	0.5	0.6	0	0.2	0.08	0.8	0.2

(1) t值的变化

假定其他要素相同，只是时间不同。根据表6-1的赋值，假定时间分别是10个季度、50个季度、100个季度，采样步长取1，得到图6-1。从图6-1中可看出，10个季度的仿真图在前4个季度几乎没有存量的增加，50个季度的仿真图在45个季度之前的存量几乎没有增加，100个季度的仿真图在前92个季度几乎没有存量的增加。因此可以说对于林业碳汇项目及交易机制的发展而言，如果一次进行规划的期间非常长，

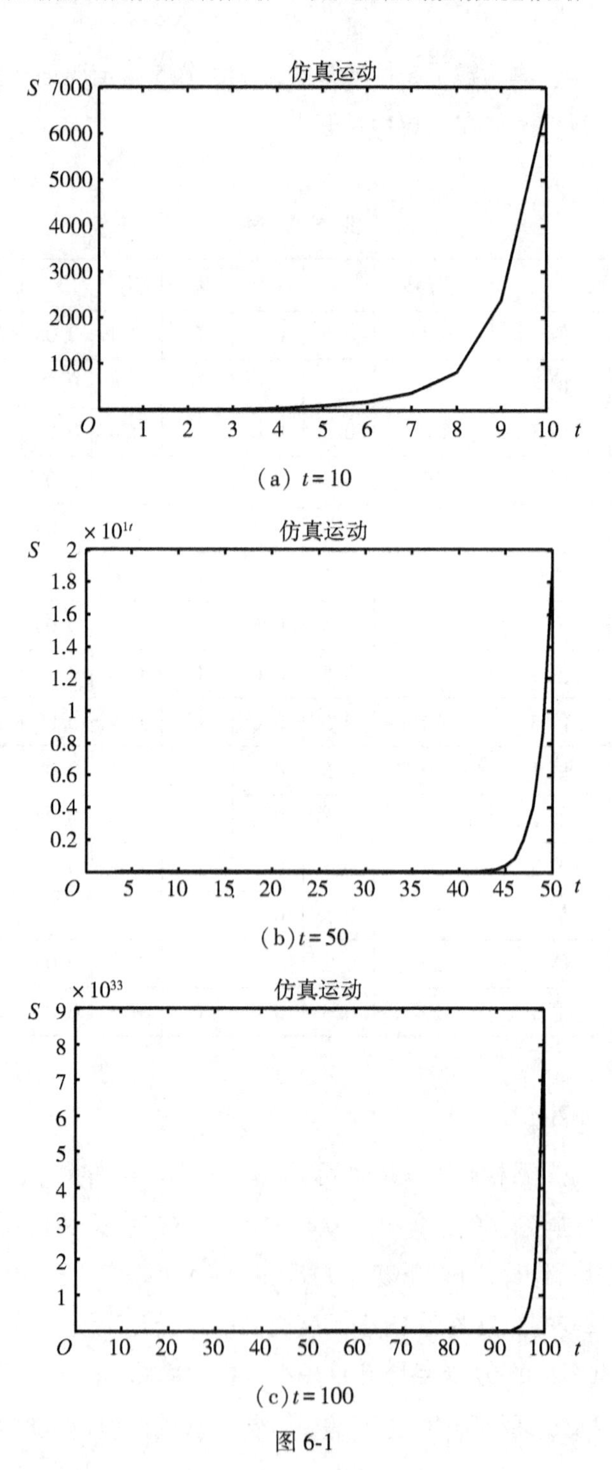

(a) $t=10$

(b) $t=50$

(c) $t=100$

图 6-1

那么在碳汇发展的时间内对于各博弈主体而言就有越充分的拖延时间，因此可以往后拖延到即将到期的时候进行突击发展，所以碳汇存量增量的明显增加越是集中在规划期或者管制期即将结束的后期阶段，而如果一次规划执行的时间段相对而言比较短，那么能够拖延的时间就会大大减少，因此开始显著增加的时间点相对而言早一些，这可以理解为规划的时间与突击应付的程度相关。

(2)系数 α_2 的变化

假定其他要素都相同，只是系数 α_2 不同。根据表 6-1 的赋值，假定 α_2 值 1、值 2、值 3 分别为 0.6、0.7、0.8，步长为 1，时间均为 10 个季度，得到图 6-2 的 3 条仿真曲线。从图 6-2 中可以看出，在前面 5 个季度 3 条仿真线几乎是水平的且与横坐标几乎重合，碳汇存量的增加非常小。从第 5 季度开始 3 条仿真线均开始迅速上升，碳汇量开始迅速增加，越是接近规划结束的时间，增加得越大。其中从第 6 季度到第 9 季度的碳汇量的增加与 α_2 的大小之间存在正相关关系，之后的时间段碳汇量增加与 α_2 的大小不存在严格的相关关系。

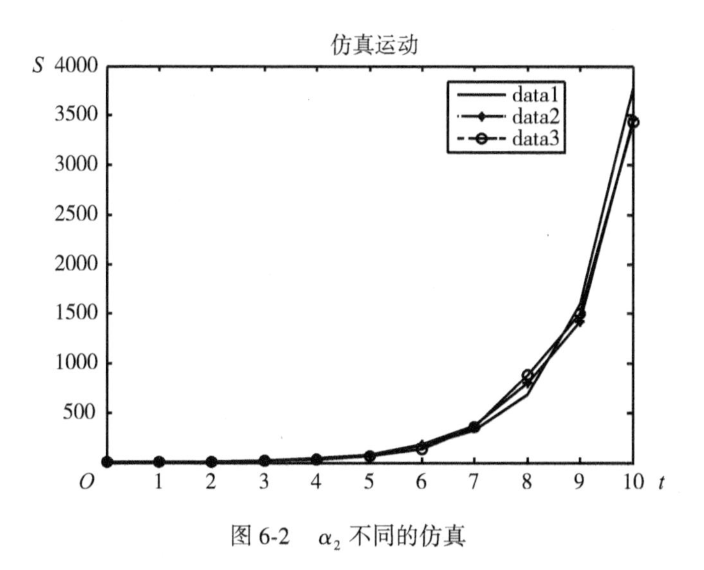

图 6-2　α_2 不同的仿真

(3) ε 值的变化

假定其他要素均相同，只是 ε 发生变化。根据表 6-1 的赋值，ε 值 1、值 2、值 3 分别为 0. 8、0. 7、0. 6，其他要素的取值均保持以前的状态不变，得到 3 种情况下的仿真图像，即图 6-3 中的 3 条仿真图形。从图 6-3 中的 3 条图形可以观察到在前面 5 个季度 3 条仿真线几乎与横坐标重合，碳汇存量的增加非常小，从第 5 季度开始 3 条仿真线开始变得明显陡峭，碳汇存量开始随着时间的推移迅速上升，这种快速增长的趋势到了第 9 季度更是明显，3 条线均变得更为陡峭。观察图 6-3 可以看到第 7 季度到第 9 季度这段时间内 ε 值与碳汇存量之间存在正相关关系，到了第 9 季度之后 ε 值的大小对碳汇存量的影响不存在严格的相关关系。

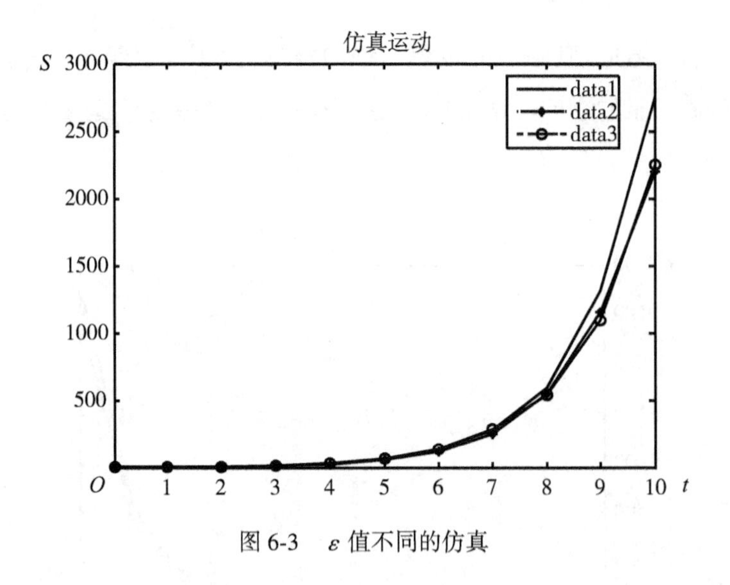

图 6-3 ε 值不同的仿真

(4) σ 值的变化

假定其他要素均相同，只是 σ 的值发生变化。根据表 6-1 的赋值，σ 分别取 0. 2、0. 1、0. 01，步长取 1，得到值 1、值 2、值 3 的仿真图形，如图 6-4 所示。3 条仿真图在开始的前 4 个季度是与横坐标重合的，从第 5 季度开始 3 条仿真线迅速上升，碳汇存量开始迅速增加。这 3 条线在图形中的相隔距离非常近，几乎一直处于重合状态，因此可以说碳汇存量的多少几乎不受变量 σ 值大小的影响，或者这种极微小的影响可以忽略。

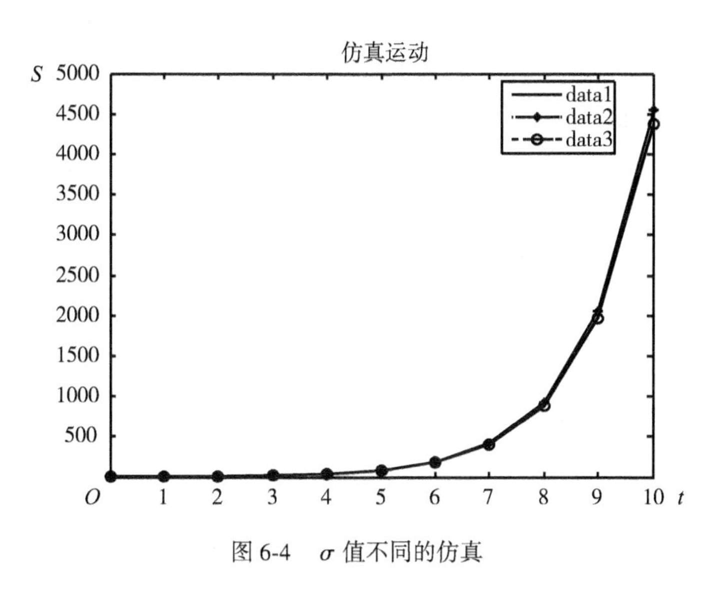

图 6-4 σ 值不同的仿真

(5) β_2 值的变化

假定其他要素都相同，只是 β_2 的值有变化。那么根据表 6-1 的赋值，假定 β_2 值 1、值 2、值 3 分别为 0.4、0.3、0.2，步长为 1，时间为 10 个季，得到如图 6-5 所示的 3 条仿真线。从图 6-5 中可以看出，前面 5 个季度的 3 条仿真线几乎与横坐标重合，碳汇存量的增加幅度非常小。从第 5 季度开始 3 条仿真线开始迅速上升，碳汇量开始迅速增加，越是接近规划结束的时间，增加得越大。第 5 季度到第 8 季度 β_2 与碳汇存量之间表现出一定的负相关关系，第 8 季度之后碳汇量的增加与 β_2 的大小不存在相关关系。

2. 非合作博弈仿真

该数值仿真采用 matlab2012b 软件完成。根据影响 $ds(t)$ 因素的不

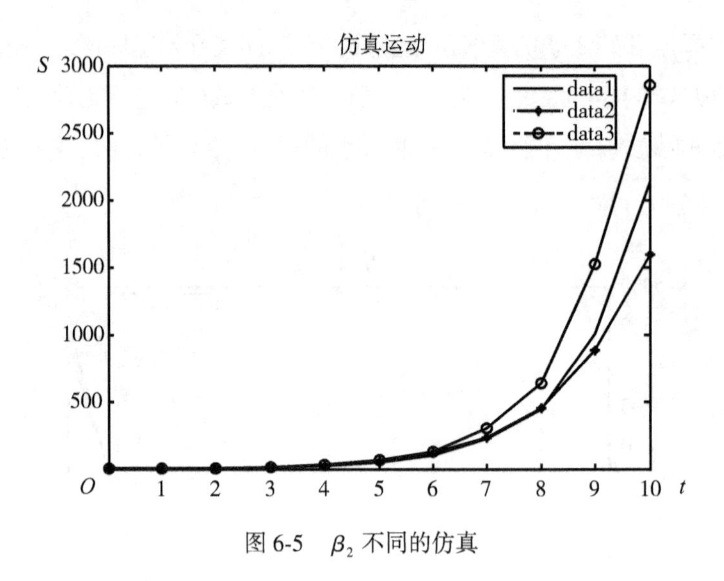

图 6-5 β_2 不同的仿真

同，选取了 4 种影响因素，下面分 4 种情况进行相应的数值仿真，具体 4 种情况的赋值见表 6-2。

表 6-2 **要素赋值**

参数	t 值不同			α_2 值不同			ε 值不同			σ 值不同		
	值 1	值 2	值 3	值 1	值 2	值 3	值 1	值 2	值 3	值 1	值 2	值 3
t（季度）	10	50	100	10	10	10	10	10	10	10	10	10
α_1	0.5	0.5	0.5	0.5	0.5	0.5	0.5	0.5	0.5	0.5	0.5	0.5
α_2	0.6	0.6	0.6	0.6	0.7	0.8	0.6	0.6	0.6	0.6	0.6	0.6
β_1	0	0	0	0	0	0	0	0	0	0	0	0
β_2	0.4	0.4	0.4	0.4	0.4	0.4	0.4	0.4	0.4	0.4	0.4	0.4
r	0.08	0.08	0.08	0.08	0.08	0.08	0.08	0.08	0.08	0.08	0.08	0.08
ε	0.8	0.8	0.8	0.8	0.8	0.8	0.8	0.7	0.6	0.8	0.8	0.8
σ	0.2	0.2	0.2	0.2	0.2	0.2	0.2	0.2	0.2	0.2	0.1	0.01
A_1	0.5	0.5	0.5	0.5	0.5	0.5	0.5	0.5	0.5	0.5	0.5	0.5
B_1	2	2	2	2	2	2	2	2	2	2	2	2
C_1	3	3	3	3	3	3	3	3	3	3	3	3

(1) t 值的变化

假定其他要素均相同，只是时间 t 有变化。根据表 6-2 的赋值，假定时间分别是 10 个季度、50 个季度、100 个季度，采样步长取 1，得到图 6-6 中的(a)、(b)、(c)图。从图 6-6 中可以看出，对于 10 个季度的仿真图在前 5 个季度的仿真线几乎与横坐标重合，碳汇存量几乎没有增加；对于 50 个季度的仿真图，在前 45 个季度仿真线几乎与横坐标重合，碳汇存量几乎没有增加；在 100 个季度的仿真图，前 95 个季度仿真线几乎与横坐标重合，碳汇存量没有增加。对于林业碳汇项目及交易机制的发展而言，如果一次进行规划的期间非常长，那么在碳汇发展的时间内对于各博弈主体而言就越有充分的拖延时间，因此可以拖延至即将到期的时候进行突击发展，所以碳汇存量增量的明显增加越是集中在规划期或者管制期即将结束的后期阶段，如果一次规划执行的时间段相对而言比较短，那么能够拖延的时间就会大大减少，因此开始显著增加的时间点相对而言会早一些。

(2) 系数 α_2 的变化

假定其他要素均相同，只是系数 α_2 发生变化。根据表 6-2 的赋值，假定 α_2 值 1、值 2、值 3 分别为 0.6、0.7、0.8，步长为 1，时间均为 10 个季度，得到图 6-7 的 3 条仿真曲线。从图 6-7 中可以看出，在前面 6 个季度 3 条仿真线几乎与横坐标重合，碳汇存量几乎没有，从第 6 季度开始 3 条仿真线迅速上升，碳汇存量开始迅速增加，在接近期限第 10 季度时，碳汇量有大的增加。从图 6-7 中可以看出碳汇量的增加与 α_2 的大小不存在严格的相关关系。

(3) ε 值的变化

假定其他要素均相同，只是 ε 的值发生变化。根据表 6-2 的赋值，ε 值 1、值 2、值 3 取 0.8、0.7、0.6，其他要素的取值均保持以前的状态不变，得到 3 种情况下的仿真图像，即图 6-8 中的 3 条仿真图。观察图 6-8 可发现在前 6 个季度，3 条仿真线几乎与横坐标重合，碳汇存量几乎没有增加，从第 6 季度开始 3 条仿真线开始迅速上升，碳汇存量开

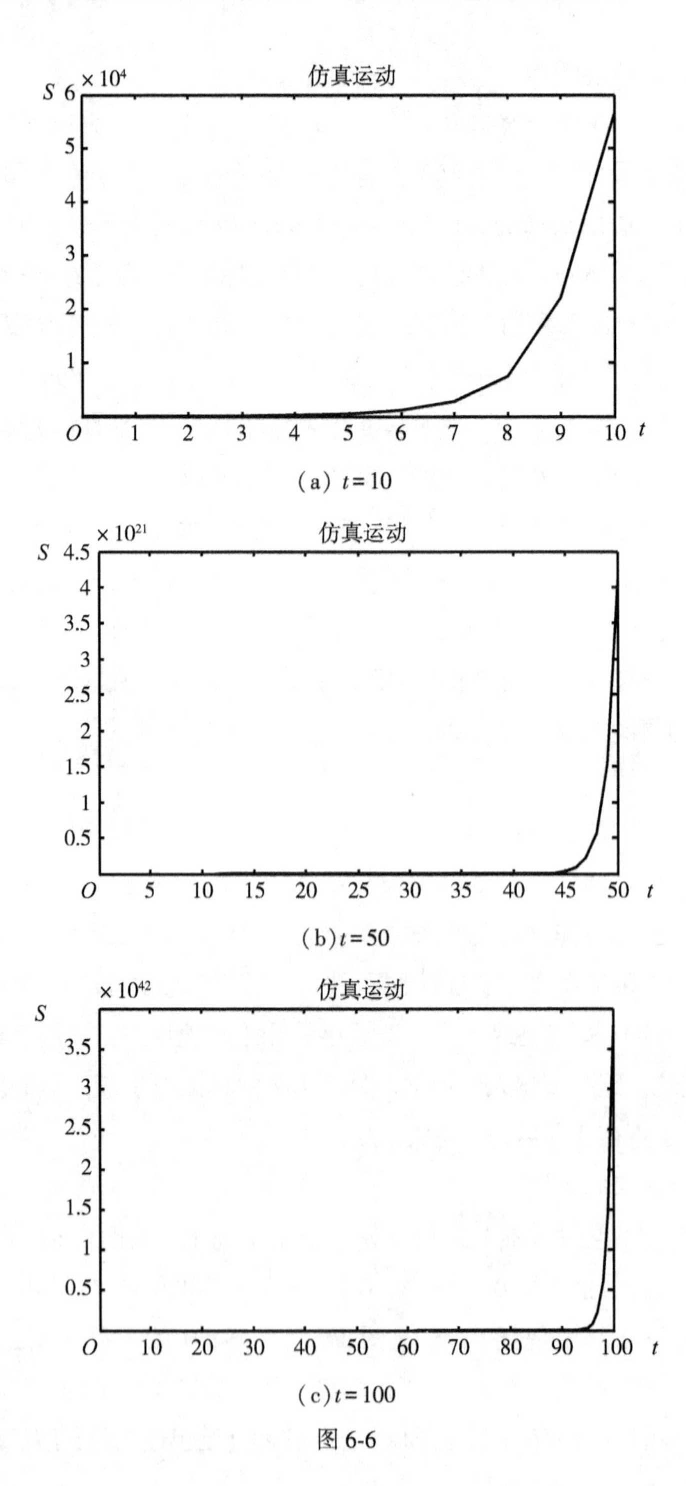
仿真运动
S
×10^4
6
5
4
3
2
1
O
1
2
3
4
5
6
7
8
9
10
t
(a) t=10
仿真运动
S
×10^21
4.5
4
3.5
3
2.5
2
1.5
1
0.5
O
5
10
15
20
25
30
35
40
45
50
t
(b) t=50
仿真运动
S
×10^42
3.5
3
2.5
2
1.5
1
0.5
O
10
20
30
40
50
60
70
80
90
100
t
(c) t=100

图 6-6

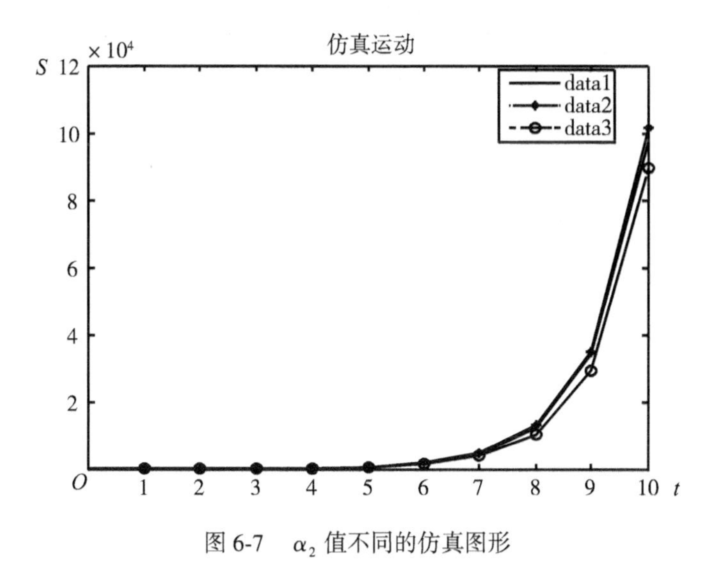

图 6-7　α_2 值不同的仿真图形

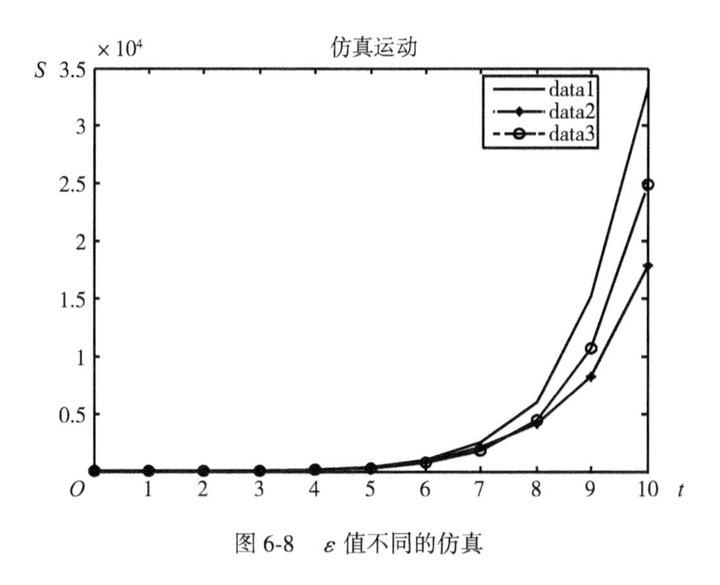

图 6-8　ε 值不同的仿真

始显著增加。其中从第 6 季度到第 8 季度，ε 的不同对碳汇存量的影响存在明显的正相关关系，即 ε 越大，碳汇存量越大。第 8 季度后这种关系被打乱，看不出明显的相关关系。

(4) σ 值的变化

假定其他要素均相同，只是 σ 的值发生变化。根据表 6-2 的赋值，σ 值 1、值 2、值 3 分别取 0.2、0.1、0.01，步长取 1，进行仿真得到相应的仿真图形，即图 6-9 中的 3 条仿真图。观察图 6-9 可发现：3 条仿真线在起初开始的 6 个季度几乎一直与横坐标重合，碳汇存量几乎没有，从第 6 个季度开始 3 条仿真线开始迅速上升，碳汇存量开始显著增加。由于 3 条仿真线之间几乎没有缝隙，一直处于重叠状态，所以碳汇存量的大小不因变量 σ 值的变化而发生变化，它们之间没有明显的相关关系。

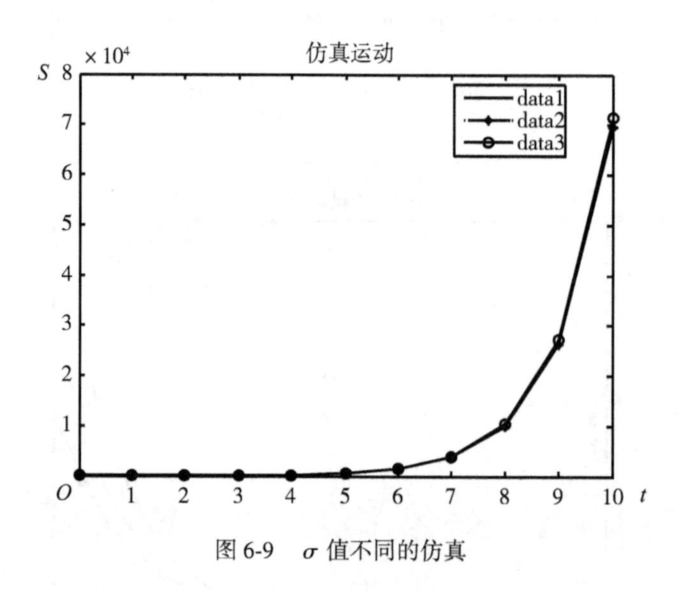

图 6-9　σ 值不同的仿真

6.5.2　林业收入最大化

林业收入最大化模型是合作博弈模型，在对该模型进行数值仿真时采用 Matlab2012b 软件完成。根据影响 $ds(t)$ 的因素不同，本仿真考虑了 5 种要素的影响，分 5 种情况进行数值仿真，具体 5 种情况的赋值在

表 6-3 中列出。

表 6-3　　　　**要素赋值**

参数		t（季度）	α_1	α_2	β_1	β_2	r	ε	σ
t 不同	值 1	10	0.7	0.5	0.4	0.6	0.08	0.8	0.3
	值 2	50	0.7	0.5	0.4	0.6	0.08	0.8	0.3
	值 3	100	0.7	0.5	0.4	0.6	0.08	0.8	0.3
α_2 不同	值 1	10	0.7	0.5	0.4	0.6	0.08	0.8	0.3
	值 2	10	0.7	0.3	0.4	0.6	0.08	0.8	0.3
	值 3	10	0.7	0.1	0.4	0.6	0.08	0.8	0.3
ε 不同	值 1	10	0.7	0.5	0.4	0.6	0.08	0.8	0.3
	值 2	10	0.7	0.5	0.4	0.6	0.08	0.6	0.3
	值 3	10	0.7	0.5	0.4	0.6	0.08	0.4	0.3
σ 不同	值 1	10	0.7	0.5	0.4	0.6	0.08	0.8	0.3
	值 2	10	0.7	0.5	0.4	0.6	0.08	0.8	0.2
	值 3	10	0.7	0.5	0.4	0.6	0.08	0.8	0.1
β_2 不同	值 1	10	0.7	0.5	0.4	0.6	0.08	0.8	0.3
	值 2	10	0.7	0.5	0.4	0.4	0.08	0.8	0.3
	值 3	10	0.7	0.5	0.4	0.2	0.08	0.8	0.3

注：$\alpha_1 > \alpha_2$ 表示相对碳汇而言木材的需求对象更具体，需求者更有动力购买，消费碳汇动力不足，$\beta_1 < \beta_2$ 表示木材生产的成本小于碳汇生产的成本。

1. t 值的变化

假定其他因素均相同，只是时间 t 的值有变化。根据表 6-3 的赋值，假定时间分别是 10 个季度、50 个季度、100 个季度，采样步长取 1，得到下列图形，即图 6-10 中的(a)、(b)、(c)图。从图 6-10 中可以看出，对于 10 个季度的规划而言，仿真图在前 5 个季度几乎与横坐标重

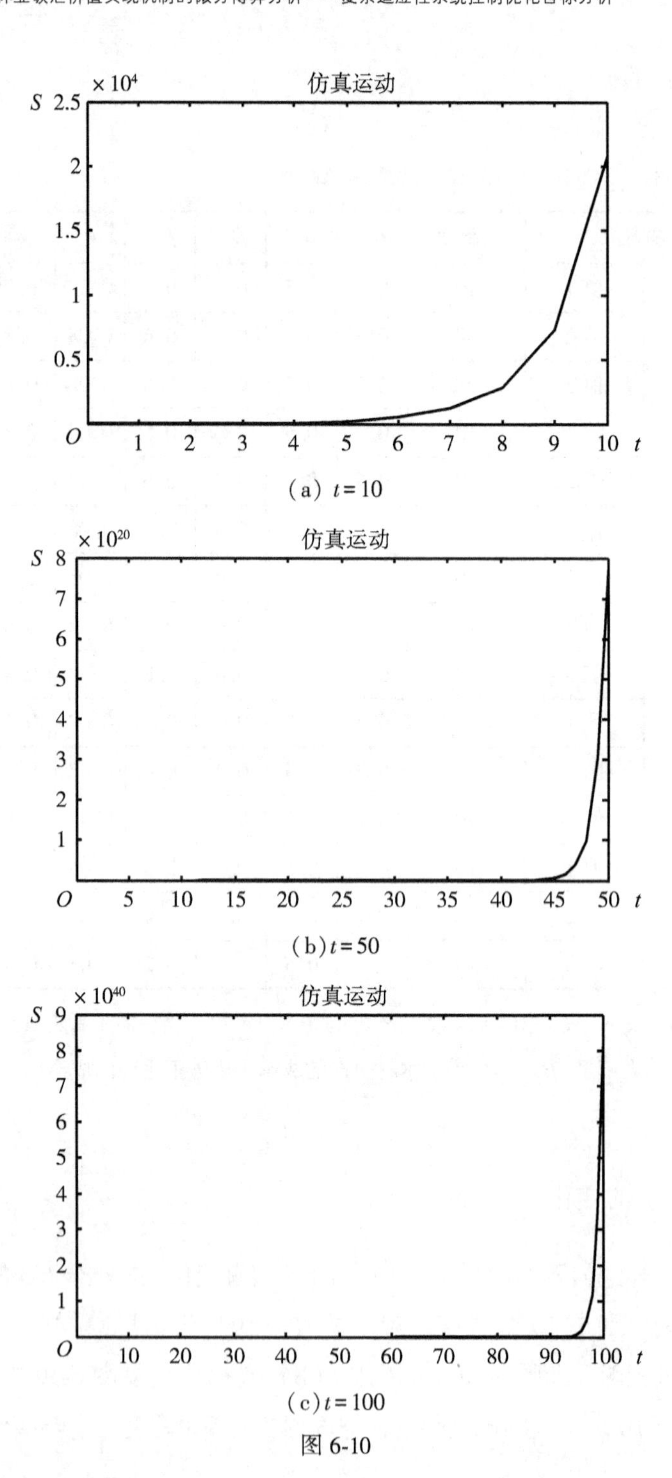
仿真运动
S
× 10⁴
2.5
2
1.5
1
0.5
O
1 2 3 4 5 6 7 8 9 10 t
(a) t=10
仿真运动
S
× 10²⁰
8 7 6 5 4 3 2 1
O
5 10 15 20 25 30 35 40 45 50 t
(b) t=50
仿真运动
S
× 10⁴⁰
9 8 7 6 5 4 3 2 1
O
10 20 30 40 50 60 70 80 90 100 t
(c) t=100

图 6-10

合，碳汇存量增加很少，几乎等于零，随后仿真线开始迅速上升，碳汇存量开始显著增加；对于50个季度的规划而言，仿真图在45个季度前几乎与横坐标重合，碳汇存量增加很少，几乎等于零，随后仿真线开始迅速上升，碳汇存量开始显著增加；对于100个季度的规划而言，仿真图在95个季度前几乎与横坐标重合，碳汇存量增加很少，几乎等于零，随后仿真线开始迅速上升，碳汇存量开始显著增加。因此，对于林业碳汇项目及交易机制的发展而言，如果一次进行规划的期间非常长，那么在碳汇发展的时间内对于各博弈主体而言就越有充分的拖延时间，因此拖延至即将到期的时候进行突击发展，所以碳汇存量增量的明显增加越是集中在规划期或者管制期即将结束的后期阶段，而如果一次规划执行的时间段相对而言比较短，那么能够拖延的时间就会大大减少，因此开始以比较快的速度进行增长的时间越早。

2. 系数 α_2 的变化

假定其他要素均相同，只是系数 α_2 发生变化。根据表6-3的赋值，假定 α_2 值1、值2、值3分别为0.5、0.3、0.1，步长为1，时间为10个季度，得到图6-11的3条仿真曲线。分析图6-11可知，在前6个季度3条仿真线几乎与横坐标重合，3种情况的碳汇存量几乎没有什么变化，增加几乎为零；从第7个季度开始3条仿真线开始迅速增加，3种情况的碳汇量开始显著增加，3条仿真线逐渐出现差别。α_2 为0.5、0.3、0.1时，碳汇量下降的速度比较均匀，表现出正相关性。

3. ε 值的变化

假定其他要素均相同，只是 ε 的值发生变化。根据表6-3的赋值，ε 取0.8、0.6、0.4，其他要素相同的时候仿真图形分别是图6-12中的值1、值2、值3对应的图形。分析图6-12可知，在前5个季度3条仿真线几乎与横坐标重合，3种情况下的碳汇量的情况基本相同，几乎等于零；在第5个季度后3条仿真线开始迅速上升，碳汇存量开始显著增

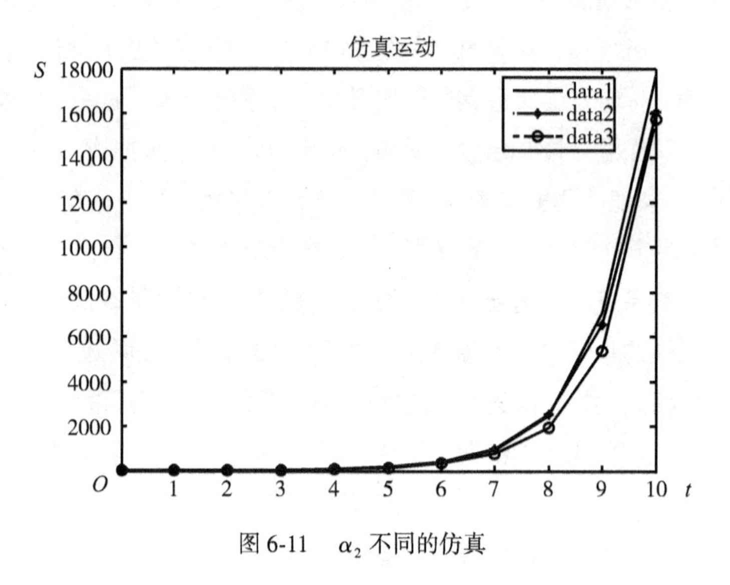

图 6-11　α_2 不同的仿真

加。从图 6-12 中可以看到，ε 取 0.8、0.6、0.4 是等差减少的，但碳汇的减少却是以递增的速度在减少，ε 与碳汇存量表现出正相关关系。

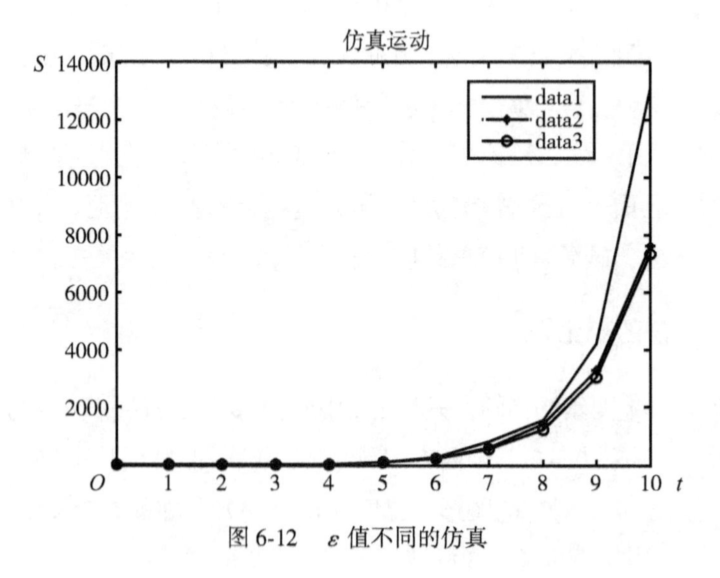

图 6-12　ε 值不同的仿真

4. σ 值的变化

假定其他因素不变，只是 σ 值发生变化。根据表 6-3 的赋值，σ 分别取 0.3、0.2、0.1，步长取 1，得到值 1、值 2、值 3 的仿真图形如图 6-13 所示。从图 6-13 中可知，在前 7 个季度 3 条仿真线几乎与横坐标重合，3 种情况下的碳汇量基本没有发生变化。从第 7 个季度开始 3 条仿真线开始迅速上升，碳汇存量开始快速增加。从第 7 个季度开始 3 条仿真线出现分化，3 种情况的碳汇存量开始出现差异，但是没有表现出正相关或者负相关的关系。

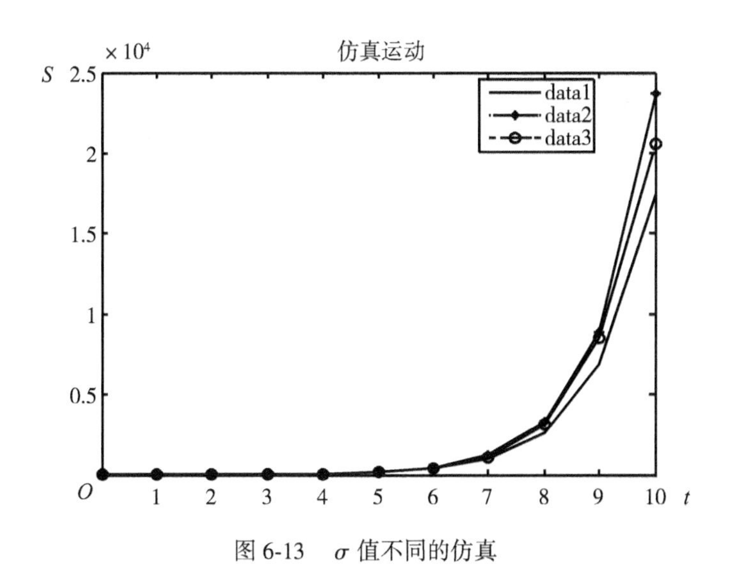

图 6-13　σ 值不同的仿真

5. β_2 值的变化

假定其他因素均不发生变化，只是 β_2 值发生变化。根据表 6-3 的赋值，假定 β_2 值 1、值 2、值 3 分别为 0.6、0.4、0.2，步长为 1，时间均为 10 个季度，得到图 6-14。从图 6-14 中可知，在前 5 个季度内 3 条仿真线几乎与横坐标重合，3 种情况下的碳汇存量基本相同，几乎为零。从第 5 个季度开始 3 条仿真线开始迅速增加，碳汇存量开始显著增加。从第 5 个季度开始，3 种情况下的碳汇存量出现差异，具体为随着 β_2 的减少，碳汇存量增加，并且以递增的速度增加。

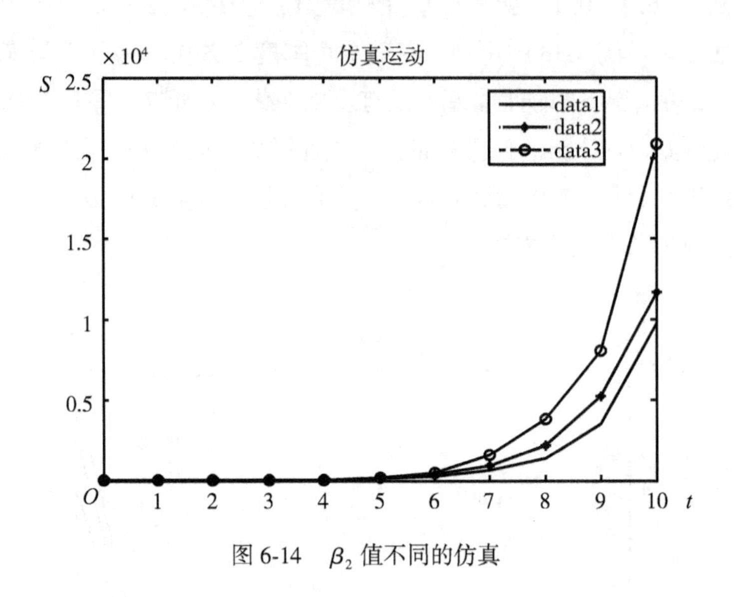

图 6-14　β_2 值不同的仿真

6.5.3 减缓与适应气候变化效用最大化

减缓与适应气候变化效用最大化的博弈采用的是合作博弈，对其进行数值仿真时采用 Matlab2012b 软件完成。根据影响 $ds(t)$ 的因素不同，本仿真考虑了 5 种要素的影响，分别对 5 种情况进行数值仿真，具体 5 种情况的赋值在表 6-4 中列出。

表 6-4　　要素赋值

参数		t（季度）	α_1	α_2	β_1	β_2	r	ε	σ
t 不同	值 1	10	0.4	0.7	0.8	0.5	0.08	0.8	0.3
	值 2	50	0.4	0.7	0.8	0.5	0.08	0.8	0.3
	值 3	100	0.4	0.7	0.8	0.5	0.08	0.8	0.3

续表

参数		t(季度)	α_1	α_2	β_1	β_2	r	ε	σ
α_2 不同	值 1	10	0.4	0.7	0.8	0.5	0.08	0.8	0.3
	值 2	10	0.4	0.5	0.8	0.5	0.08	0.8	0.3
	值 3	10	0.4	0.3	0.8	0.5	0.08	0.8	0.3
ε 不同	值 1	10	0.4	0.7	0.8	0.5	0.08	0.8	0.3
	值 2	10	0.4	0.7	0.8	0.5	0.08	0.6	0.3
	值 3	10	0.4	0.7	0.8	0.5	0.08	0.4	0.3
σ 不同	值 1	10	0.4	0.7	0.8	0.5	0.08	0.8	0.3
	值 2	10	0.4	0.7	0.8	0.5	0.08	0.8	0.2
	值 3	10	0.4	0.7	0.8	0.5	0.08	0.8	0.1
β_2 不同	值 1	10	0.4	0.7	0.8	0.5	0.08	0.8	0.3
	值 2	110	0.4	0.7	0.8	0.3	0.08	0.8	0.3
	值 3	10	0.4	0.7	0.8	0.1	0.08	0.8	0.3

注：$\alpha_1 < \alpha_2$，表示“碳汇”的需求对象没有“减排”的需求对象具体，数量也不具有优势。$\beta_1 > \beta_2$，表示“碳汇”的成本大于“减排”的成本，因为碳汇计量及检测的技术性难题比减排要大，碳汇的风险比减排大，因此其成本也相应较大。

1. t 值的变化

假定其他要素没有发生变化，变化的只是时间 t 值。根据表 6-4 的赋值，假定时间分别是 10 个季度、50 个季度、100 个季度，采样步长取 1，得到图 6-15 中的(a)、(b)、(c)图。从图 6-15 中可以看出，10 个季度的仿真图在前 6 个季度几乎与横坐标重合，减排及碳汇存量的增加几乎没有，几乎等于零，从第 6 个季度开始仿真线迅速上升，减排及碳汇存量开始显著增加；50 个季度的仿真图在前 45 个季度几乎与横坐标重合，减排及碳汇存量的增加几乎没有，几乎等于零，从第 45 个季度开始仿真线迅速上升，减排及碳汇存量开始显著增加；100 个季度的

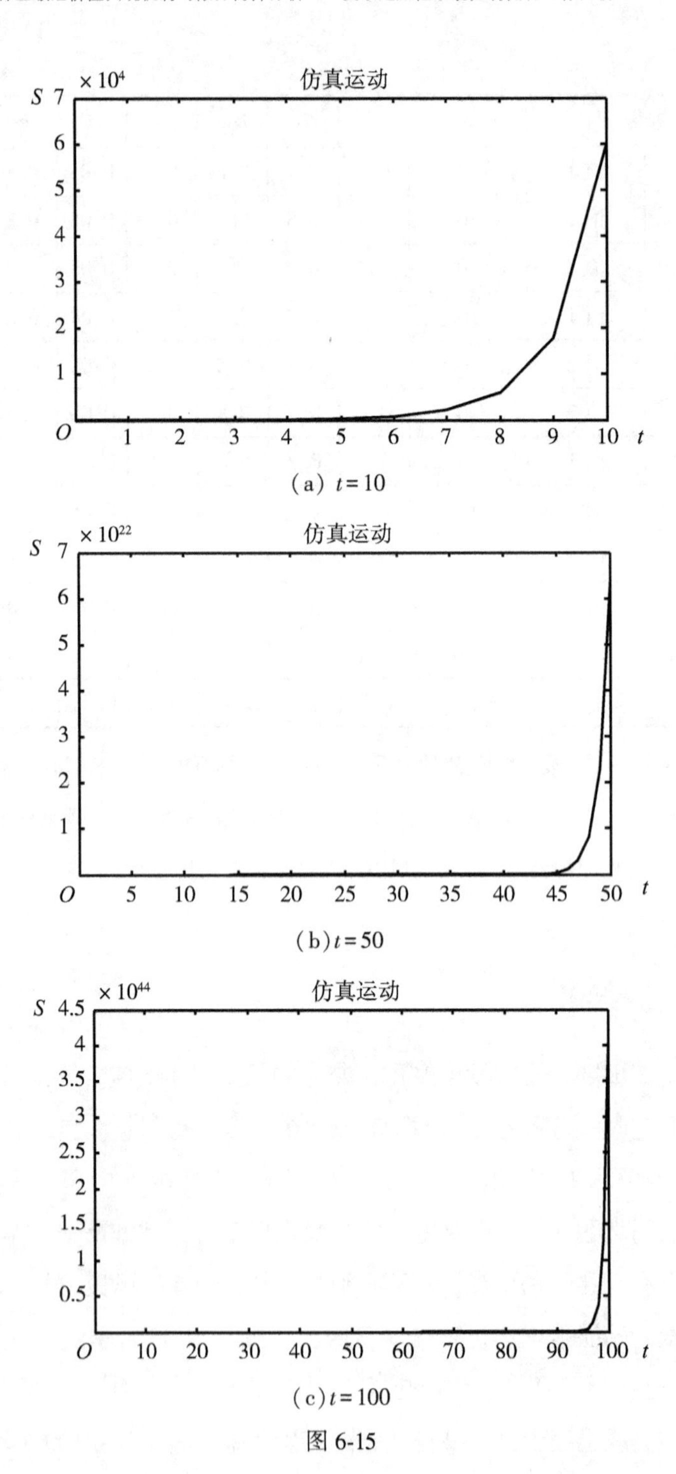
仿真运动
S
×10^4
7
6
5
4
3
2
1
O
1
2
3
4
5
6
7
8
9
10
t
(a) t=10
仿真运动
S
×10^22
7
6
5
4
3
2
1
O
5
10
15
20
25
30
35
40
45
50
t
(b) t=50
仿真运动
S
×10^44
4.5
4
3.5
3
2.5
2
1.5
1
0.5
O
10
20
30
40
50
60
70
80
90
100
t
(c) t=100

图 6-15

仿真图在前 95 个季度几乎与横坐标重合，减排及碳汇存量的增加几乎没有，几乎等于零，从第 95 个季度开始仿真线迅速上升，减排及碳汇存量开始显著增加。综上所述，如果规划的时间段越长，那么减排及碳汇的快速增长越是集中在规划即将结束的较后阶段；如果规划的时间段越短，相比较而言，减排及碳汇开始以比较快的速度增长的时间会早一些。

2. 系数 α_2 的变化

假定其他要素均不发生变化，只有系数 α_2 发生变化。根据表 6-4 的赋值，假定 α_2 值 1、值 2、值 3 分别为 0.7、0.5、0.3，步长为 1，时间为 10 个季度，得到图 6-16 的 3 条仿真曲线。从图 6-16 中可以看出，在前 6 个季度 3 条仿真线几乎与横坐标重合，3 种情况的减排及碳汇存量几乎相同，从第 6 个季度开始 3 条仿真线开始迅速上升，减排及碳汇存量开始出现显著增加。从第 6 个季度开始 3 条仿真线出现分化，减排及碳汇存量开始出现不同的增长速度，但与 α_2 之间不存在正相关或者负相关关系。

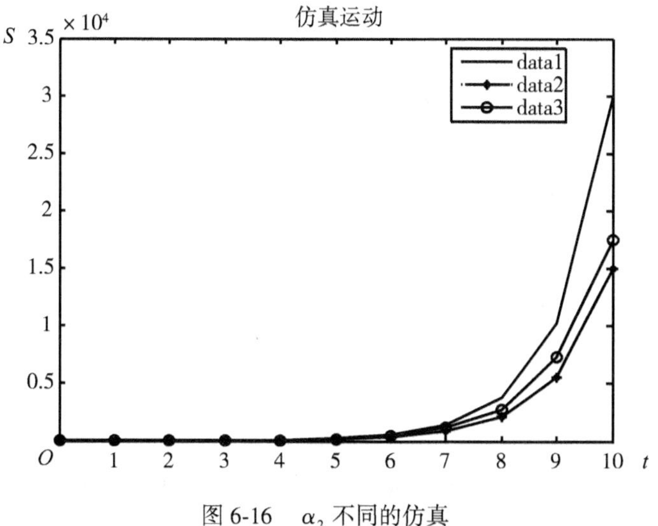

图 6-16　α_2 不同的仿真

3. ε 值的变化

假定其他要素均不发生变化，变化的只是 ε 的数值。根据表 6-4 的赋值，ε 值 1、值 2、值 3 取 0.8、0.6、0.4，得到 3 条仿真图形，即图 6-17 中的 3 条图形。观察图 6-17 可发现，在前 5 个季度 3 条仿真线几乎与横坐标重合，各种情况的减排及碳汇存量基本相同，且几乎为零，从第 5 个季度开始 3 条仿真线开始迅速增加，减排及碳汇存量开始显著增加。从第 5 个季度开始 3 条仿真线出现分化，减排及碳汇存量随着 ε 的减少加速递减。

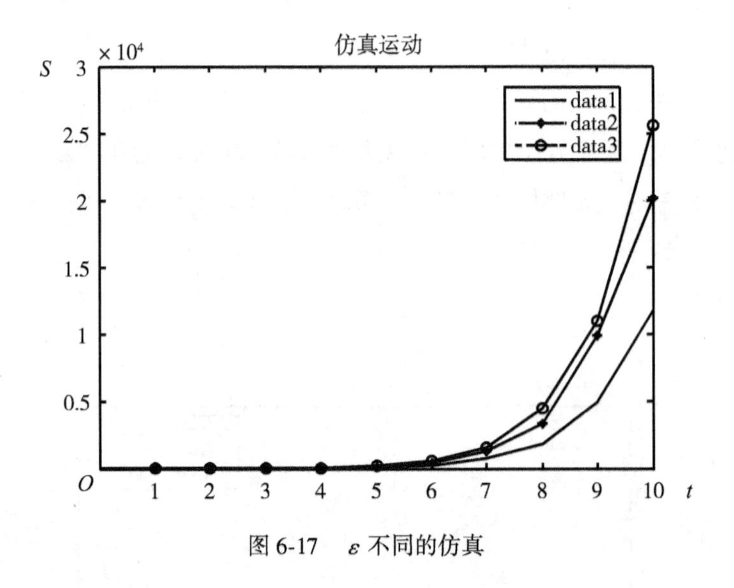

图 6-17　ε 不同的仿真

4. σ 值的变化

假定其他要素没有发生变化，只是 σ 的值发生变化。根据表 6-4 的赋值，σ 分别取 0.3、0.2、0.1，步长取 1，进行仿真，得到 3 条仿真图形，即图 6-18 所示的 3 条仿真图形。观察图 6-19 可发现，这 3 条线之间的缝隙很少，几乎一直处于重叠状态，所以 σ 的值并不影响减排及碳汇存量的变化；从图 6-18 中可以看出，在前 6 个季度 3 条仿真线几乎与横坐标重合，减排及碳汇存量几乎没有增加，几乎等于零，从第 6 季度开始，减排及碳汇存量开始以比较快的速度增加。

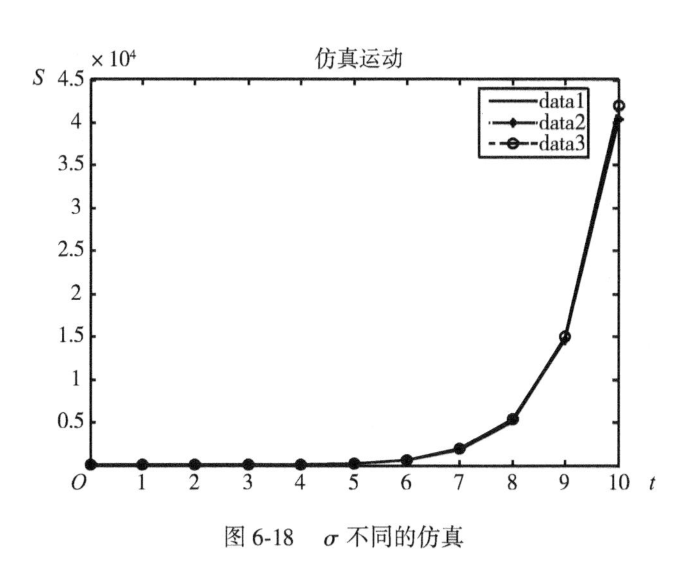

图 6-18　σ 不同的仿真

5. β_2 值的变化

假定其他要素不发生变化，只是 β_2 的值发生变化。根据表 6-4 的赋值，假定 β_2 值 1、值 2、值 3 分别为 0. 5、0. 3、0. 1，步长为 1，时间为 10 个季度，如图 6-19 所示。从图 6-19 中可以看出，在前 5 个季度 3 条仿真线几乎与横坐标重合，减排及碳汇存量基本相同。从第 5 个季度开始后 3 条仿真线迅速上升，减排及碳汇存量开始以较快的速度增加。从第 5 季度开始 3 条仿真线出现分化，不同的 β_2 值表现出不同的增长速度，不过差别不是很大，第 5 季度到第 9 季度，减排及碳汇量与 β_2 的关系不是很确定，到了第 9 季度，β_2 与减排及碳汇存量开始出现正相关关系，即随着 β_2 变小而减少。

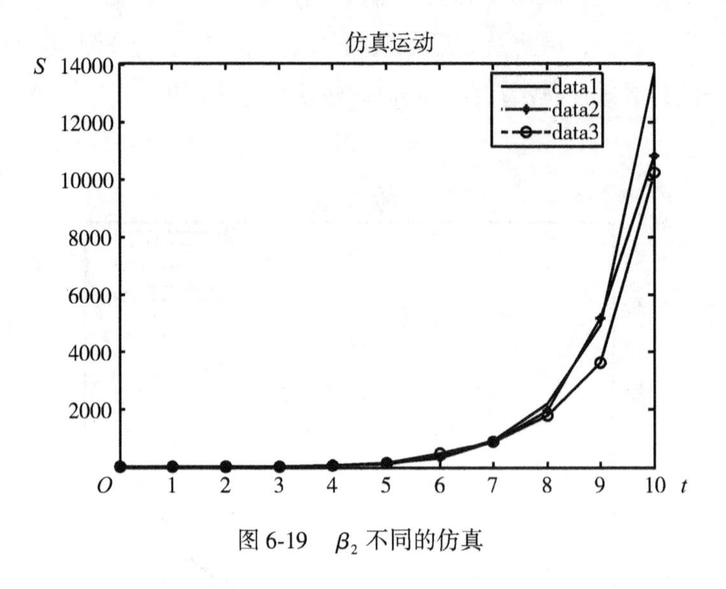

图 6-19　β_2 不同的仿真

6.6　结论及政策建议

6.6.1　结论

1. 省区间碳汇收益最大化

比较合作博弈及非合作博弈的仿真图，可以得出以下结论：一是 t 对碳汇存量的影响趋势是相同的，随着时间的增加碳汇存量增加，在短期内合作博弈的影响大，在中长期非合作博弈的影响大。并且随着时间的增加，碳汇存量快速增加的起点在延后。二是 σ 的变化对碳汇存量没有影响。三是 ε 对碳汇存量的影响在合作与非合作两种情况下不一致。四是 α_2 对碳汇存量的影响在非合作博弈中要大，是随着 α_2 增加而增加的。五是 β_2 对碳汇存量的影响不明确。具体情况见表 6-5。

表 6-5 合作博弈及非合作博弈的仿真图形分析

要素	对 $s(t)$ 的影响		
	合作博弈	非合作博弈	影响的程度
t	$t\uparrow, s(t)\uparrow$	$t\uparrow, s(t)\uparrow$	在短期内合作博弈影响大 在中长期非合作博弈影响大
σ	不影响	不影响	—
ε	$\varepsilon\uparrow, s(t)\downarrow$	$\varepsilon\uparrow, s(t)\uparrow$	非合作博弈中影响大
α_2	$\alpha_2\uparrow, s(t)\uparrow$	不明确	非合作博弈中影响大
β_2	不明确	不明确	—

2. 林业收入最大化

从林业收入最大化的仿真图可以得出以下结论：一是 t 对碳汇存量的影响，随着时间的增加碳汇存量增加，并且随着时间的增加，碳汇存量快速增加的起点在延后。二是 σ 的变化对碳汇存量没有影响。三是 ε 对碳汇存量的影响在第 5 季度后呈现出正相关关系。四是 α_2 对碳汇存量的影响从第 7 季度开始表现出正相关关系。五是 β_2 对碳汇存量的影响从第 5 季度开始呈现出负相关的关系。

3. 减缓与适应气候变化最大化

从减缓与适应气候变化最大化的仿真图可以得出以下结论：一是 t 对减排及碳汇存量的影响，随着时间的增加减排及碳汇存量增加，并且随着时间的增加，减排及碳汇存量快速增加的起点在延后。二是 σ 的变化对减排及碳汇存量没有影响。三是 ε 对减排及碳汇存量的影响在第 5 季度后呈现出负相关关系。四是 α_2 对减排及碳汇存量的影响不确定。五是 β_2 对减排及碳汇存量的影响在第 9 季度后呈现出正相关关系。

4. 结论

时间 t 的变化对碳汇存量的影响是相同的；σ 的变化对碳汇存量几

乎没有影响或者没有明确的影响关系；ε 、α_2、β_2 从整个系统的角度而言影响不确定，如果有正相关或者负相关的关系，是在一定发展阶段所呈现出来的特征，在起初阶段这种关系很难呈现，如果出现正相关或者负相关的关系一般也难以持续到最终阶段。综合起来可以说林业的自然灾害等突发事故不是影响碳汇发展的关键要素，关键要素在于 ε 、α_2、β_2 的大小等问题，相应地提高碳汇的收益、降低碳汇的成本、增强碳汇的转化能力是关键因素。

6.6.2 政策建议

1. 立足现实管理，协同其他产业共创新

因为随机微分博弈的解是马尔科夫的反馈纳什均衡策略，这表明在林业产业内部对于林业碳汇的情况无论过去如何，都没有明显的激励鞭策作用。所以碳汇的规划及控制等措施可以立足当前的国际国内形势及政策要求。

需要特别说明的是，在立足当前采取措施的时候，特别需要与其他行业协同创新。从林业与其他产业的替代与互补关系来看，林业碳汇的发展可能与农业争地或者与其他产业的发展争地，林业碳汇的发展状况与其他碳汇及减排发展的情况之间相互影响。林业碳汇的发展涉及众多不同性质的主体，包括行政管理部门、项目实施和购买碳汇的私有主体、监测核证等中介机构、碳权交易所等。因此必须本着多赢的观点与各产业之间、各主体之间协同创新，以此来促进林业碳汇的发展。

2. 要进行长期的规划，但执行与评价需要短阶段进行

在影响碳汇存量的各因素中，无论是边际收益因子还是边际成本因子及不可预知的因子，对碳汇存量的影响均是在一定时段之后才发生影响，所以对林业碳汇项目的发展进行规划管理既要长期坚持，又要划分

长期中的各个中短期，按照中短期执行，这个中短期的划分要考虑林业项目的生产周期，太短的项目难以见到效果，周期太长又不利于碳汇参与方发挥积极性，容易导致拖延行为及突击行为发生，这些都不利于林业碳汇的发展。

3. 做好风险防范，提高管理能力

成本因子值的大小使得碳汇存量发生与之相反的变化，即它们之间存在反向关系，这意味着提高林业碳汇的生产效率，降低成本，可以促进碳汇存量的增加。另外，由于碳汇的转化率与碳汇存量之间有着正向关系，意味着提高碳汇的管理能力，能够增加碳汇存量。碳汇边际收益因子与碳汇存量存在正向关系，所以需要提高碳市场的管理效率，使市场价格趋稳趋好，使得碳汇存量增加。要使碳市场的价格趋稳趋好，还需要做好碳汇控制与发展中的风险管理与防范，勿因林业的自然灾害或其他灾害在发展碳汇林业方面畏首畏尾。

4. 统一全国碳市场

统一的全国碳市场更有利于碳汇林业的发展，因为统一的碳汇市场可以标准化和规范化相关的交易规则、交易程序、碳汇的监测等问题，有利于降低碳汇生产的成本，减少交易成本以及信息不对称导致的风险，更有利于效率的提高，也有利于林业碳汇存量的增加。

7　基于博弈进化仿真模型的中国林业碳汇价值实现的机制设计

7.1　引言

本章基于前文探索的子系统的相关特征，探索复杂系统的涌现特性，进行整体大系统的研究，即林业碳汇价值实现机制的复杂大系统研究。

林业碳汇的价值实现机制可以分为3类。一是市场机制。该机制按照是否遵从《京都议定书》的相关规则分为自愿市场和强制市场，或者志愿市场和非志愿市场。通过碳市场的交易实现林业碳汇的价值是目前全球普遍的做法。

二是公共财政补偿。征税和财政补贴等方式，即通过政府措施实施的价值补偿是比较常见的公共财政补偿形式。虽然对林业进行生态补贴的公共财政政策并不是一个新鲜的话题，但对林业碳汇进行公共财政的生态补偿却并不普遍，因为这两个领域的生态补偿制度是相互独立的——它们的产生机理不同。林业的公共财政的生态补贴是普遍的，只要林业发挥了涵养水源、净化空气、水土保持等功能便可能享受公共财政的生态补贴，而这是林业固有的属性；而碳汇林业并不是说只要产生了碳汇便可以获得价值，林业碳汇的价值实现需要将碳汇进行交易才可以实现，可交易的碳汇需要满足相应的条件，这些条件包括采用认证的技术方法①，按照认证的方法学进行造林的碳汇要扣除基准线，即符合“额外性”②的碳汇才可能获得价值，这些能交易的碳汇需要注册、签发。因此无论从林业碳汇与林业的生态补贴的理论依据的角度，还是制度规范的角度，两者都不能融合。碳汇林业也具有生态效益，一般林业享受的公共财政补贴林业碳汇也应该享有，还应该考虑在一般林业的生态补贴中加入碳汇功能服务的补贴。在此假定可以考虑通过公共财政的方式对碳汇林业一般的林业服务功能的生态效益给予补偿。

三是市场机制和公共财政补偿的结合。森林提供的服务价值是巨大的，这些服务包括储碳的价值，我国森林植被储碳的总量达到 84.27 亿吨；森林提供的服务还有年固土量、年保肥量、年吸收污染物量及年滞尘量；在我国，把这些服务价值加总可以测算出其价值大约 12.68 万亿元，具体的数据资料见表 7-1。这个数值大约是我国 2013 年 GDP 的 22.3%，是 2013 年林业总产值的 2.68 倍。这个服务价值相当于每一位国民每年平均大约享受了 0.94 万元森林提供的生态服务。对森林的生态效益的贡献国家有生态补偿基金，根据中央的专项生态补偿基金、还林还草补贴、生态公益林补贴的实际运用情况看，补偿标准过低、补偿范围过窄、各地补偿标准不统一等问题一直没有解决。森林已产生的生态效益价值与实际给予补贴的价值缺口较大。同时，碳汇林通过碳市场实现其价值在国内的实践项目中并不多，碳汇林既有可交易的额外的碳汇，还具有生态效益，可以考虑市场机制+公共财政补贴来共同实现碳汇林的生态补贴机制。

---

① 称为“方法学”。

② CDM 项目减排量基于基准线的额外性，技术转让和资金支持应区别于公共来源的额外性。

表 7-1 第八次全国森林资源清查的部分结果

森林面积（亿公顷）	森林蓄积量（亿立方米）	森林覆盖率（%）	森林植被碳储量（亿吨）	年滞尘量（亿吨）
2.08	151.37	21.63	84.27	58.45
年涵养水源（亿立方米）	年固土量（亿吨）	年保肥量（亿吨）	年吸污量（亿吨）	生态服务总价值（万亿元）
5807.09	81.91	4.30	0.38	12.68

在下面的分析中，对碳汇的价值实现机制，主要选择市场机制以及市场机制+公共财政机制两种形式，纯粹的公共财政机制不予考虑。市场机制中国家、监管主体、碳汇的供给及需求等主体的行为遵从第5章及第6章的博弈结果。具体为，发达国家承担自主确定的减排任务，发展中国家根据情况灵活选择策略；在国内建立统一的技术支持体系，有林业的碳汇保险机制；在碳市场中采用抵消机制+非抵消机制；碳汇林与经济林等合理布局与规划，建立全国统一的市场，在市场中按阶段合理配置抵消额度等。

7.2 模型假设

7.2.1 市场机制下的假定

假定 1 在碳汇市场中交易的碳汇是抵消机制和非抵消机制两类，都具有保险机制。

假定 2 对于抵消机制和非抵消机制两类碳汇的需求/供给主体，在博弈中把他们作为参与人 i，$i=1, 2$。

假定 3 考虑的时间是 t，$t \in [0, T]$。

假定 4 参与人 i 在时间 t 的碳汇造林面积为 $q_i(t)$，$i=1, 2$，$t \in$

$[0, T]$。

假定 5 参与人 i 在具有碳汇造林面积 $q_i(t)$ 时所能吸收的净碳汇量为 e_i，$e_i = h_i(q_i(t))$，$i = 1, 2$。一般情况下，碳汇林业面积越大，其储存的碳汇量就越大，所以碳汇量与碳汇林业面积的增加之间的关系是正向的，即函数 e_i 是严格递增的函数。

假定 6 参与主体 i 碳汇造林面积的拥有量为 $q_i(t)$ 时，给该主体所在区域带来一定的净收入，假定这个净收入为 $r_i(q_i(t))$。由于 $e_i = h_i(q_i(t))$，$q_i(t) = h_i^{-1}e_i(t)$，所以 $r_i(q_i(t)) = r_i(h_i^{-1}e_i(t))$。记 $R_i(e_i(t)) = r_i(h_i^{-1}e_i(t))$，该函数是递增的凹函数，收益最终会下降，且 $R_i(0) = 0$，$i = 1, 2$。假定：$R_i(e_i(t)) = \alpha_i e_i(t) - \frac{1}{2}e_i^2(t)$。

假定 7 $B(t)$ 是维纳过程。

假定 8 在时间 t 内的林业碳汇存量为 $s(t)$。影响该碳汇存量的因素主要是以前植树造林的面积和分布的情况、林业维护情况以及砍伐毁林状况等，这里所说林业碳汇存量是已有造林地的碳汇在理论上的存量。

假定 9 参与主体 i 在进行林业碳汇地区的管理及经营是需要花费成本的，假定为了获得一定的碳汇存量花费的成本为 $D_i(s(t))$，假定其为单调递增的凸函数，记为 $D_i(s(t)) = \frac{1}{2}\beta_i s^2(t)$，$i = 1, 2$。

假定 10 贴现率为 r，贴现因子假定为 e^{-rt}。

假定 11 林业碳汇的增加对于各个参与主体均有边际影响，假设各参与主体 i 具有相同的林业碳汇边际影响，为了计算的方便均假定为 1，即效用的值与碳汇量的值相同。

假定 12 各参与主体理论上具有的碳汇存量与实际具有的是有差别的，假定理论存量与实际存量之间满足一定的关系，即按照一定的转化率来折算，假定各参与主体的碳汇量转化率为常数 ε，$\varepsilon > 0$。

假定 13 在林业碳汇项目的实施过程中经常会遇到一些突然的不

确定性风险，这些风险有些是自然因素造成的，比如自然灾害、病虫害等。这些不确定性风险会影响碳汇的存量。把这些不确定因素对于林业碳汇存量的影响称为随机项，假定随机因子对于碳汇存量的影响为 σ，$\sigma \geqslant 0$ 且为常数。

7.2.2 市场机制+公共财政体制假定

假定 1 考虑市场机制+公共财政价值补偿机制同时共存的林业碳汇价值实现机制，将林业碳汇及其生态效益同时进行考虑。

假设 2 公共财政给予的是碳汇补贴，市场机制仍有两部分：抵消机制和非抵消机制。综合两种情况，将碳汇的供给主体分为抵消机制+公共财政补贴和非抵消机制+公共财政补贴两种。在博弈中他们为参与人 i，$i=1, 2$。

假定 3 考虑的时间是 t，$t \in [0, T]$。

假定 4 参与人 i 在时间 t 的碳汇造林面积为 $q_i(t)$，$i=1, 2$，$t \in [0, T]$。

假定 5 参与人 i 在具有碳汇造林面积 $q_i(t)$ 时所能吸收的净碳汇量为 e_i，$e_i = h_i(q_i(t))$，$i=1, 2$。一般情况下，碳汇林业面积越大，其储存的碳汇量就越大，所以碳汇量与碳汇林业面积的增加之间的关系是正向的，即函数 e_i 是严格递增的函数。

假定 6 参与主体 i 碳汇造林面积的拥有量为 $q_i(t)$ 时，给该主体所在区域带来一定的净收入，假定这个净收入为 $r_i(q_i(t))$。由于 $e_i = h_i(q_i(t))$，$q_i(t) = h_i^{-1}e_i(t)$，所以 $r_i(q_i(t)) = r_i(h_i^{-1}e_i(t))$。记 $R_i(e_i(t)) = r_i(h_i^{-1}e_i(t))$，该函数是递增的凹函数，收益最终会下降，且 $R_i(0)=0$，$i=1, 2$。假定：$R_i(e_i(t)) = \alpha_i e_i(t) - \frac{1}{2}e_i^2(t)$。

假定 7 $B(t)$ 是维纳过程。

假定 8 在时间 t 内的林业碳汇存量为 $s(t)$。影响该碳汇存量的因素主要是以前植树造林的面积和分布的情况、林业维护情况以及砍伐毁林状况等，这里所说的林业碳汇存量是已有造林地的碳汇在理论上的存量。

假定 9　参与主体 i 在进行林业碳汇地区的管理及经营是需要花费成本的，假定为了获得一定的碳汇存量，花费的成本为 $D_i(s(t))$，假定其为单调递增的凸函数，记为 $D_i(s(t)) = \frac{1}{2}\beta_i s^2(t)$，$i = 1, 2$。

假定 10　贴现率为 r，贴现因子假定为 e^{-rt}。

假定 11　林业碳汇的增加对于各个参与主体均有边际影响，假设各参与主体 i 具有相同的林业碳汇边际影响，为了计算的方便均假定为 1，即效用的值与碳汇量的值相同。

假定 12　各参与主体理论上具有的碳汇存量与实际具有的是有差别的，假定理论存量与实际存量之间满足一定的关系，即按照一定的转化率来折算，假定各参与主体的碳汇量转化率为常数 ε，$\varepsilon > 0$。

假定 13　在林业碳汇项目的实施过程中经常会遇到一些突然的不确定性风险，这些风险有些是自然因素造成的，比如自然灾害、病虫害等。这些不确定性风险会影响碳汇的存量。把这些不确定因素对于林业碳汇存量的影响称为随机项，假定随机因子对于碳汇存量的影响为 σ，$\sigma \geqslant 0$ 且为常数。

7.3　进化博弈模型的构造及求解

7.3.1　进化博弈模型

进化博弈一般也称演化博弈。此处构造复制动态的进化博弈模型。

在博弈期间的某时刻碳汇量由 3 部分组成，一是边际增量，即由于林业碳汇项目的增加的碳汇增加量，二是实际存量，即已有碳汇林存量的转化量，三是随机因素等情况下的碳汇量的变化，即可能是自然灾害频率的变化、人为灾害的控制、管理的改善、政策的变化等因素导致的林业碳汇量的变化。

期望的目标函数是：林业碳汇的收入+经济林等其他林业的收入最大(林业管理部门，需要协调好碳汇管理部门及其他林业部门的利益)。林业碳汇的价值实现机制：站在林业局(林业碳汇主管部门)角度的目标，它是林业及林业碳汇工作的主要负责机构。约束条件：净碳汇累积的动态方程。

在博弈期间内的净碳汇的累积量用随机微分方程来表示，该方程有两部分，随机项和漂移项，这个动态过程表示如下：

$$ds(t) = (e_1(t) + e_2(t)) + \varepsilon s(t) + \sigma s(t)dB(t)$$

$$s(0) = s_0$$

假定参与人 i，$i = 1, 2$ 的期望目标函数为：

$$J_1 + J_2 = \max_{e_1, e_2} E\left\{ \sum_{i=1}^{2} \int_0^T [e^{-rt}(R_i(e_i(t)) - D_i(s(t)))dt] \right\}$$

7.3.2 模型求解

考虑下面情况的反馈纳什解。

$$ds(t) = u[e_1(t) + e_2(t)] + \varepsilon s(t) + \sigma s(t)dB(t) \tag{7-1}$$

$$s(0) = s_0 \tag{7-2}$$

$$J_1 + J_2 = \max_{e_1, e_2} E\left\{ \sum_{i=1}^{2} \int_0^T [e^{-rt}(R_i(e_i(t)) - D_i(s(t)))dt] \right\} \tag{7-3}$$

命题 1 构造一个策略作为随机微分博弈方程(7-1)以及(7-3)的反馈纳什均衡，构造 $\{\phi_1^*(t, s), \phi_2^*(t, s)\}$ 作为这样的策略，如果存在连续函数 $w(t, s)$：$[0, T] \times R \to R$，且有连续偏导数 $w_s(t, s)$，$w_{ss}(t, s)$，$i = 1, 2$ 满足以下 Hamilton-Jacobi-Bellman-Fleming 方程。

$$rw(t, s) - \frac{\sigma^2 s^2}{2} w_{ss}(t, s)$$

$$= \max_{e_1, e_2} E\left\{ \sum_{i=1}^{2} \left[\alpha_i e_i(t) - \frac{1}{2}e_i^2(t) - \frac{1}{2}\beta_i s^2(t) \right] + w_s(t, s)\left[(e_1(t) + e_2(t) + \varepsilon s(t)) \right] \right\}$$

$$w(T, s) = 2gs^2$$

$\phi_i^*(t, s)$ 是参与人 i 的最优控制，$i = 1, 2$。

命题 2 对合作博弈中的随机微分博弈方程(7-1)以及(7-3)，参与的博弈主体人 1 和博弈主体 2 的反馈纳什均衡解分别为：

$$e_1(t) = \alpha_1 + [\alpha s(t) + b]$$

$$e_2(t) = \alpha_2 + [\alpha s(t) + b]$$

$$w(t, s) = \frac{1}{2}as(t)^2 + bs(t) + c$$

其中：

$$0 = (r - \sigma^2 - 2\varepsilon)a - 2\alpha^2 + (\beta_1 + \beta_2) \tag{7-4}$$

$$0 = rb - (\alpha_1 + \alpha_2)\alpha - 2\alpha(t)b(t) - \varepsilon b \tag{7-5}$$

$$0 = rc - \frac{1}{2}(\alpha_1^2 + \alpha_2^2) + (\alpha_1 + \alpha_2)b - b^2 \tag{7-6}$$

因为 e_i 严格递增，由(7-4)得：

$$a = \frac{r - \sigma^2 - 2\varepsilon + \sqrt{(r - \sigma^2 - 2\varepsilon)^2 + 8(\beta_1 + \beta_2)}}{4}$$

由(7-5)得：

$$b = \frac{a(a_1 + a_2)}{r - 2a - \varepsilon}$$

由(7-6)得：

$$c = \frac{0.5(a_1^2 + a_2^2) - (a_1 + a_2)b + b^2}{r}$$

从命题 2 中的方程 $e_1(t)$、$e_2(t)$ 的表达式可以判断，与 $e_1(t)$、$e_2(t)$ 方程的反馈纳什均衡解相关的变量是当前时间和当前状态 s，无关于状态 s 的过去值。因此，反馈策略 $e_1(t)$、$e_2(t)$ 是马尔科夫的。

7.4 数值仿真分析

7.4.1 市场机制

在进行数值仿真时采用 matlab2012b 软件完成。根据影响 $ds(t)$ 的因素不同，本仿真考虑了 5 种要素的影响，分 5 种情况进行数值仿真，具体 5 种情况的赋值在表 7-2 中列出(见表 7-2)。

表 7-2 **要素赋值**

参数		t(季度)	α_1	α_2	β_1	β_2	r	ε	σ
t 不同	值 1	10	0.7	0.4	0.4	0.7	0.08	0.8	0.3
	值 2	50	0.7	0.4	0.4	0.7	0.08	0.8	0.3
	值 3	100	0.7	0.4	0.4	0.7	0.08	0.8	0.3
α_2 不同	值 1	10	0.7	0.4	0.4	0.7	0.08	0.8	0.3
	值 2	10	0.7	0.3	0.4	0.7	0.08	0.8	0.3
	值 3	10	0.7	0.2	0.4	0.7	0.08	0.8	0.3
ε 不同	值 1	10	0.7	0.4	0.4	0.7	0.08	0.8	0.3
	值 2	10	0.7	0.4	0.4	0.7	0.08	0.7	0.3
	值 3	10	0.7	0.4	0.4	0.7	0.08	0.6	0.3
σ 不同	值 1	10	0.7	0.4	0.4	0.7	0.08	0.8	0.3
	值 2	10	0.7	0.4	0.4	0.7	0.08	0.8	0.2
	值 3	10	0.7	0.4	0.4	0.7	0.08	0.8	0.1
β_2 不同	值 1	10	0.7	0.4	0.4	0.7	0.08	0.8	0.3
	值 2	10	0.7	0.4	0.4	0.6	0.08	0.8	0.3
	值 3	10	0.7	0.4	0.4	0.5	0.08	0.8	0.3

注：$\alpha_1 > \alpha_2$，表示相对于非抵消机制，抵消机制下的需求对象更具体，需求者更有动力购买，非抵消机制下的需求动力不足。$\beta_1 < \beta_2$，表示抵消机制下碳汇的成本小于非抵消机制下碳汇的成本。

1. t 值的变化

假定其他要素均不发生变化，只有时间 t 的值发生变化。根据表7-2的赋值，假定时间分别是 10 个季度、50 个季度、100 个季度，采样步长取 1，得到图 7-1 中的(a)、(b)、(c)图。从图 7-1 中可以看出 3 条仿真线均随着时间的推移逐渐上升，碳汇存量的增加随着时间的延续而增加。其中在 10 个季度的仿真图，前 5 个季度的仿真线几乎与横坐标重合，碳汇存量的增加几乎等于零，从第 5 个季度仿真线开始出现迅速上升，碳汇存量开始出现较明显的增加；在 50 个季度的仿真图中前 45 个季度的仿真线几乎与横坐标重合，碳汇存量几乎等于零，没有增加，在第 45 个季度后仿真线开始迅速上升，碳汇存量开始出现较明显的增加；在 100 个季度的仿真图里前 95 个季度的仿真线几乎与横坐标重合，碳汇存量几乎没有增加，几乎等于零，在第 95 个季度后仿真线开始迅速增加，碳汇存量开始出现较明显的增加。可以看出，在不同的时间段里，碳汇存量快速增加的起始点随着时间段的增加而延后，即时间段越长，快速增加的开始点就越晚，并且增加的速度越大。

2. 系数 α_2 的变化

假定其他要素不发生变化，只有系数 α_2 的值发生变化。根据表 7-2 的赋值，假定 α_2 分别为 0.4、0.3、0.2，步长为 1，时间为 10 个季度，得到图 7-2 中的 3 条仿真曲线。从图 7-2 中可以看出，前 5 个季度 3 条仿真线几乎重合，几乎均与横坐标重合，3 种情况的碳汇存量基本相同，几乎为零，从第 5 个季度开始 3 条仿真线开始迅速上升，碳汇量增加的速度变快，并且各种情况增加的速度不一样，但是和 α_2 之间不存在明确的正相关或负相关关系。

3. ε 值的变化

假定其他要素均不发生变化，只有 ε 的值发生变化。根据表 7-2 的

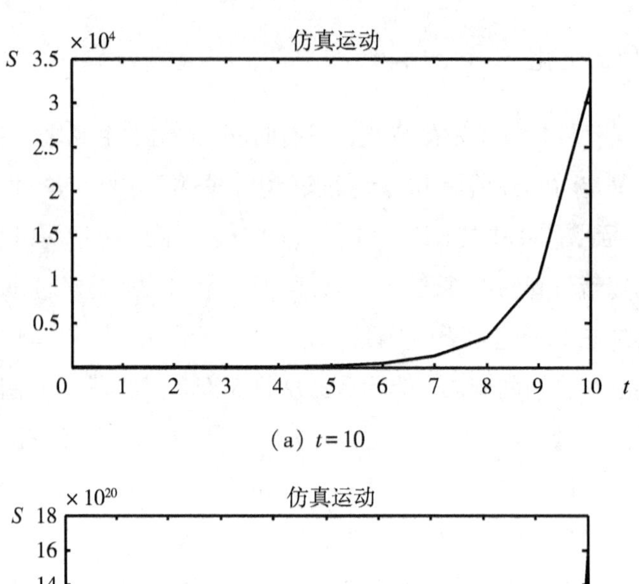

（a）$t=10$

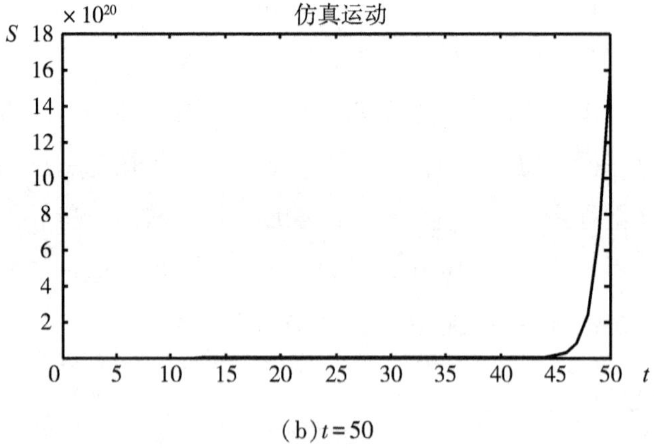

（b）$t=50$

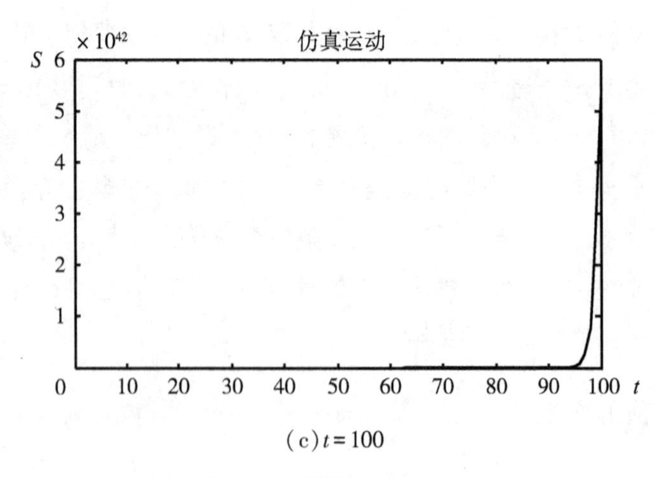

（c）$t=100$

图 7-1

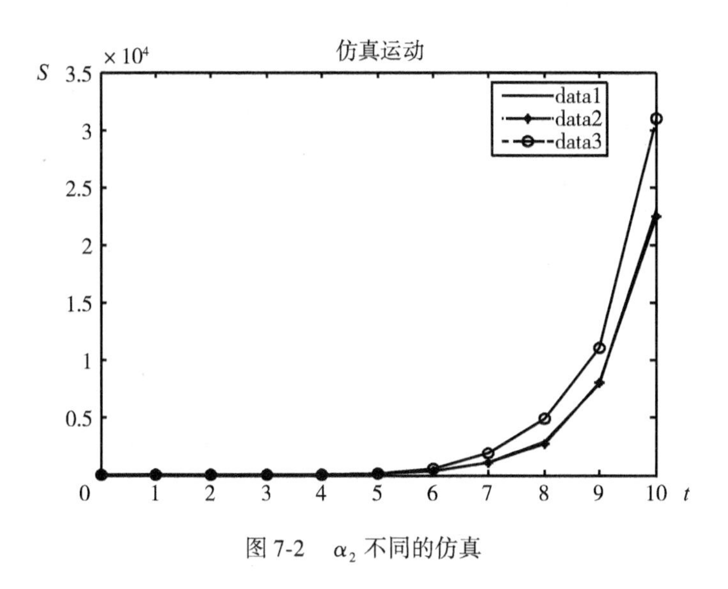

图 7-2　α_2 不同的仿真

赋值，ε 取值 1、值 2、值 3 分别为 0.8、0.7、0.6，其他要素的状态保持不变的情况做仿真分析，得到图 7-3 中的 3 条仿真图形。观察图 7-3 可以判断，在前面 6 个季度 3 条仿真线几乎与横坐标重合，3 种情况的碳汇存量基本相同，并且都增速缓慢，几乎为零。从第 6 个季度开始 3 条仿真线开始快速上升并且出现分化，碳汇存量开始快速增加，随着 ε 的减少而增加。

4. σ 值的变化

假定其他要素均不发生变化，只有 σ 的值发生变化。根据表 7-2 的赋值，σ 取值 1、值 2、值 3 分别为 0.3、0.2、0.1，步长取 1，做仿真分析得到图 7-4 所示的 3 条仿真图。观察图 7-4 可以发现，3 条仿真线在前 6 个季度基本没有距离，处于重叠状态，并且几乎与横坐标重合，碳汇存量的变化比较小，3 种情况下的碳汇存量基本相同。从第 6 个季度开始 3 条仿真线开始快速上升且出现分化，碳汇存量开始快速增加，但增加量与 σ 的大小不存在明显的正相关或负相关关系。

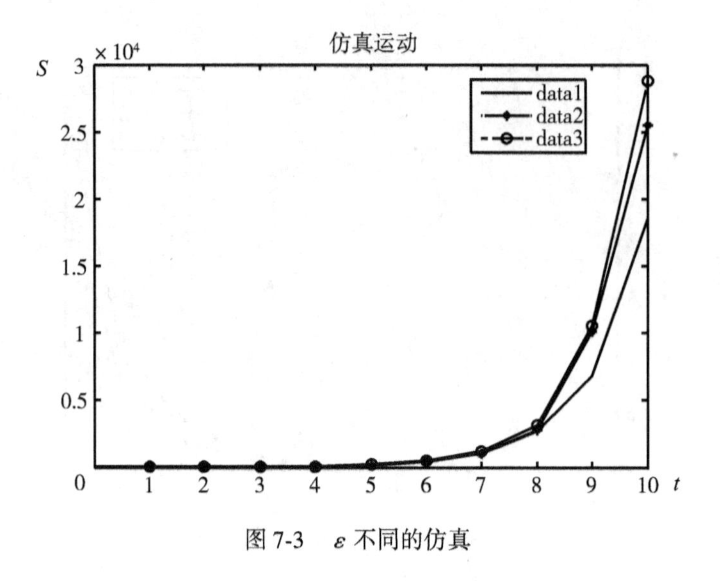

图 7-3　ε 不同的仿真

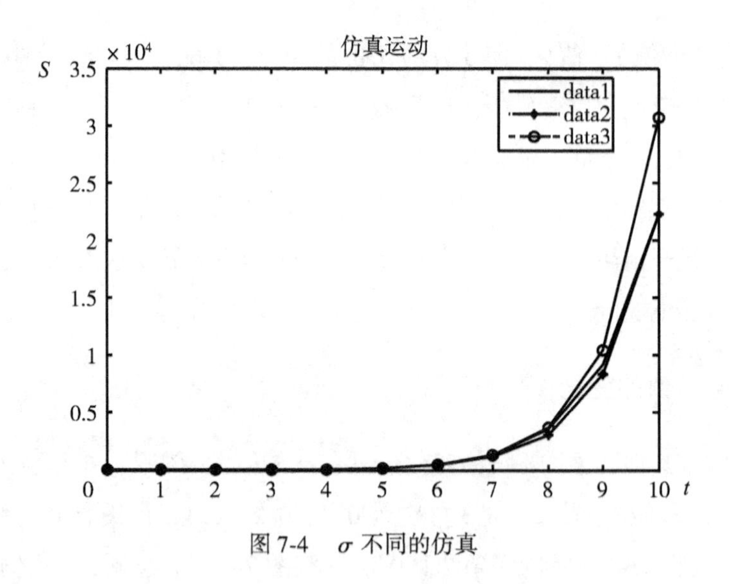

图 7-4　σ 不同的仿真

5. β_2 值的变化

假定其他要素均不发生变化，只有 β_2 的值发生变化。根据表 7-2

的赋值，假定β_2分别为0.7，0.6，0.5，步长为1，时间为10个季度，如图7-5所示。从图7-5中可以看出，在前面5个季度3条仿真线几乎均与横坐标重合，碳汇存量的变化很小，3种情况下的碳汇存量基本相同。从第5个季度开始3条仿真线开始快速上升且出现分化，碳汇存量开始快速增加，碳汇存量与β_2之间不存在明显的正相关或者负相关关系。

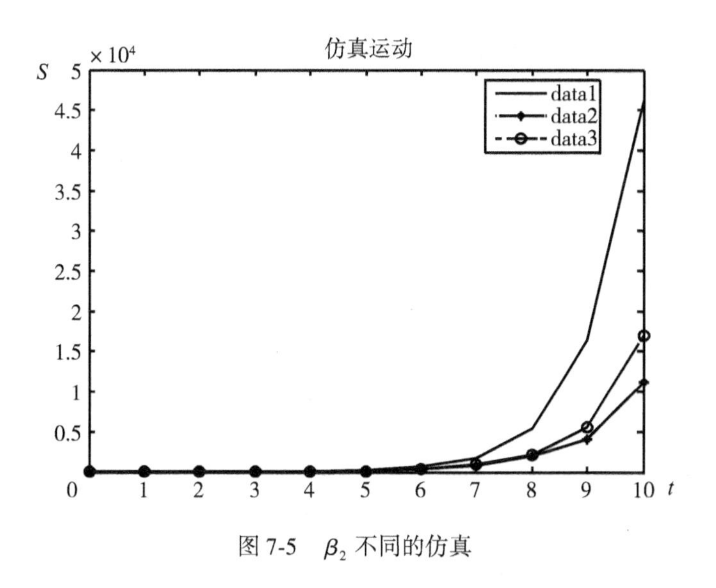

图7-5 β_2不同的仿真

7.4.2 市场机制+公共财政机制

在进行数值仿真时采用matlab2012b软件完成。根据影响ds(*t*)的因素不同，本仿真考虑了5种要素的影响，分5种情况进行数值仿真，具体5种情况的赋值在表7-3中列出(见表7-3)。

表 7-3　　要素赋值

参数		t（季度）	α_1	α_2	β_1	β_2	r	ε	σ
t 不同	值 1	10	0.6	0.5	0.5	0.6	0.08	0.8	0.2
	值 2	50	0.6	0.5	0.5	0.6	0.08	0.8	0.2
	值 3	100	0.6	0.5	0.5	0.6	0.08	0.8	0.2
α_2 不同	值 1	10	0.6	0.5	0.5	0.6	0.08	0.8	0.2
	值 2	10	0.6	0.4	0.5	0.6	0.08	0.8	0.2
	值 3	10	0.6	0.3	0.5	0.6	0.08	0.8	0.2
ε 不同	值 1	10	0.6	0.5	0.5	0.6	0.08	0.8	0.2
	值 2	10	0.6	0.5	0.5	0.6	0.08	0.7	0.2
	值 3	10	0.6	0.5	0.5	0.6	0.08	0.6	0.2
σ 不同	值 1	10	0.6	0.5	0.5	0.6	0.08	0.8	0.2
	值 2	10	0.6	0.5	0.5	0.6	0.08	0.8	0.2
	值 3	10	0.6	0.5	0.5	0.6	0.08	0.8	0.01
β_2 不同	值 1	10	0.6	0.5	0.5	0.6	0.08	0.8	0.2
	值 2	10	0.6	0.5	0.5	0.5	0.08	0.8	0.2
	值 3	10	0.6	0.5	0.5	0.4	0.08	0.8	0.2

注：$\alpha_1 > \alpha_2$ 表示相对于非抵消机制，抵消机制下的需求对象更具体，需求者更有购买力，非碳抵消机制下需求动力不足。$\beta_1 < \beta_2$ 表示抵消机制下碳汇的成本小于非抵消机制下的成本。有了公共财政机制后，α，β 之间的差距缩小，相对于无公共财政补贴机制而言。σ 的取值相对于表 7-2 来说变小，原因是有公共财政的补贴后，会带来碳泄漏概率减少，因为碳汇泄漏会带来更大的损失。

1. t 值的变化

假定其他因素均不发生变化，只有时间 t 的值发生变化。根据表7-3 的赋值，假定时间分别是 10 个季度、50 个季度、100 个季度，采样步长取 1，得到图 7-6 中的(a)、(b)、(c)图。从图 7-6 中可以看见 3 条

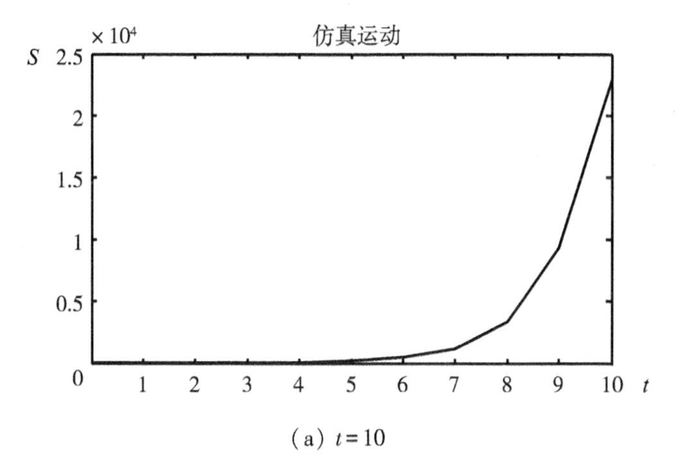

(a) $t=10$

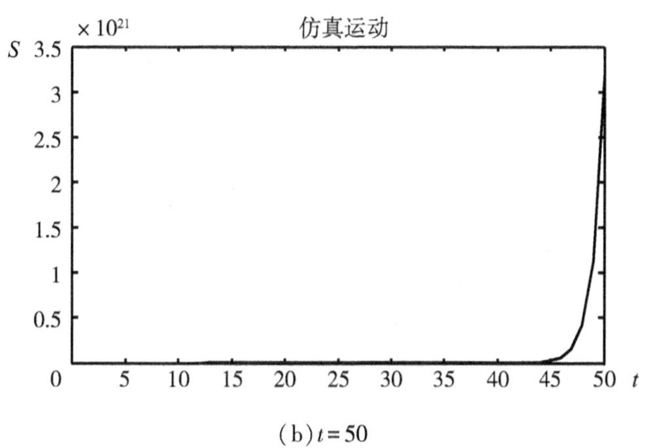

(b) $t=50$

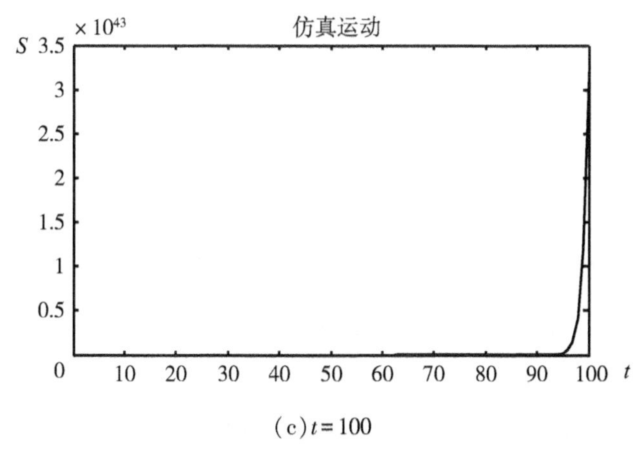

(c) $t=100$

图 7-6

仿真线均随着时间的推移而呈现上升状态，3 种情况下碳汇的存量随着时间的增加而增加。在 3 种情况下，时间段越长，快速增加的开始点越是靠后。在 10 个季度的仿真图中，前 5 个季度的仿真线几乎与横坐标重合，碳汇存量几乎为零，在第 5 个季度之后仿真线开始迅速上升，碳汇存量在第 5 个季度开始出现快速增长；在 50 个季度的仿真图中，前 45 个季度的仿真线几乎与横坐标重合，碳汇存量几乎为零，在第 45 个季度之后仿真线开始快速上升，碳汇存量开始出现快速增长；在 100 个季度的仿真图中，前 95 个季度的仿真线几乎与横坐标重合，碳汇存量几乎为零，在第 95 个季度之后仿真线开始快速上升，碳汇存量开始出现快速增长。

2. 系数 α_2 的变化

假定其他要素均相同，只是系数 α_2 的值发生变化。根据表 7-3 的赋值，假定 α_2 分别为 0.5、0.4、0.3，步长为 1，时间为 10 个季度，得到图 7-7 的 3 条仿真曲线。从图 7-7 中可以看出，在前 5 个季度 3 条仿真线几乎与横坐标重合，碳汇存量增加得很少，3 种情况均相同，碳汇量基本相同。从第 5 个季度开始 3 条仿真线开始快速上升且出现分化，碳汇存量开始以递增的速度快速增加。随着 α_2 的减少，相对应情况下的碳汇存量增加得更快，但是随着 α_2 的进一步减少，这种更快增长的速度变小。总体观察，α_2 的大小与碳汇存量之间基本上呈现出负相关的关系。

3. ε 值的变化

假定其他要素均不发生变化，只有 ε 值发生变化。根据表 7-3 的赋值，ε 取值 1、值 2、值 3 分别为 0.8，0.7，0.6，其他要素均保持不变的状态，做仿真分析得到图 7-8 中的 3 条仿真图形。从图 7-8 中的情况看，前 6 个季度 3 条仿真线几乎与横坐标重合，碳汇存量的变化较缓慢，并且 3 种情况碳汇存量基本相同。从第 6 个季度开始 3 条仿真线开

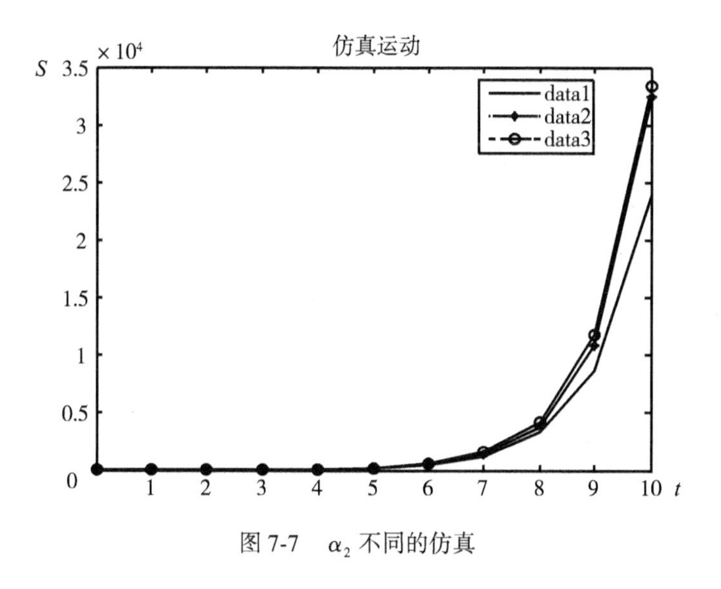

图 7-7　α_2 不同的仿真

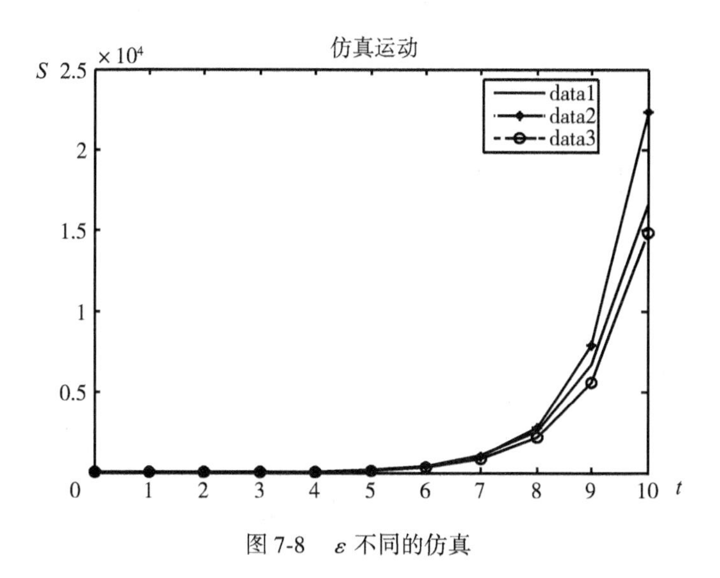

图 7-8　ε 不同的仿真

始迅速上升且出现分化，碳汇存量开始快速增加，但增加的速度与 ε 不存在明显的正相关或负相关关系，具体在第 6 季度至第 7 季度时显现出一定的相关关系，但在随后的时期内相关关系不存在，且碳汇存量的增速差距在加大。

4. σ 值的变化

假定其他要素的值均不发生变化，只有 σ 的值发生变化。根据表 7-3 的赋值，σ 分别取值 1、值 2、值 3 为 0. 2、0. 2、0. 01，其他要素状态在各种情况保持不变，步长取 1，做仿真分析得到图 7-9 所示的 3 条仿真图形。从图 7-9 中可以发现，在前 6 个季度 3 条仿真线几乎与横坐标重合，碳汇存量增长的速度缓慢，从第 6 个季度开始 3 条仿真线开始快速上升，碳汇存量开始快速增加。图 7-9 中 3 条曲线基本一直处于重合状态，所以说 σ 的大小与碳汇存量之间不存在相关关系，或者说 σ 的大小不影响碳汇存量的大小。

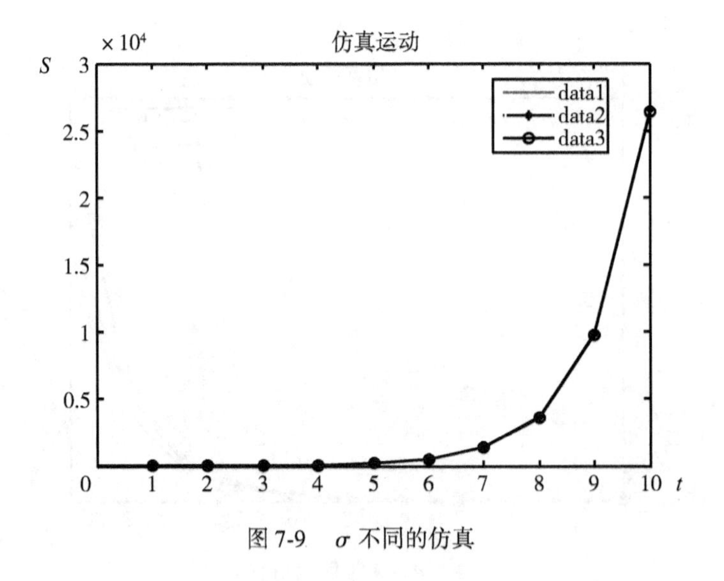

图 7-9　σ 不同的仿真

5. β_2 值的变化

假定其他要素的值不发生变化，只有 β_2 的值发生变化。根据表 7-3 的赋值，假定 β_2 分别为 0. 6、0. 5、0. 4，步长为 1，时间为 10 个季度，其他要素相同，如图 7-10 所示。从图 7-10 中可以看出前 6 个季度 3 条仿真线几乎与横坐标重合，碳汇存量的增长速度缓慢，从第 6 个季度开始 3 条仿真线开始快速上升并且出现分化，碳汇存量开始快速增加，但增长的速度不同。β_2 分别为 0.6、0.5 两种情况下的曲线基本重合，β_2 分别为 0.5、0.4 的两条曲线之间的差异明显，随着 β_2 的变小，碳汇增加的速度变快。因此，基本可以概括为随着 β_2 的变化，碳汇存量与其存在负相关关系。

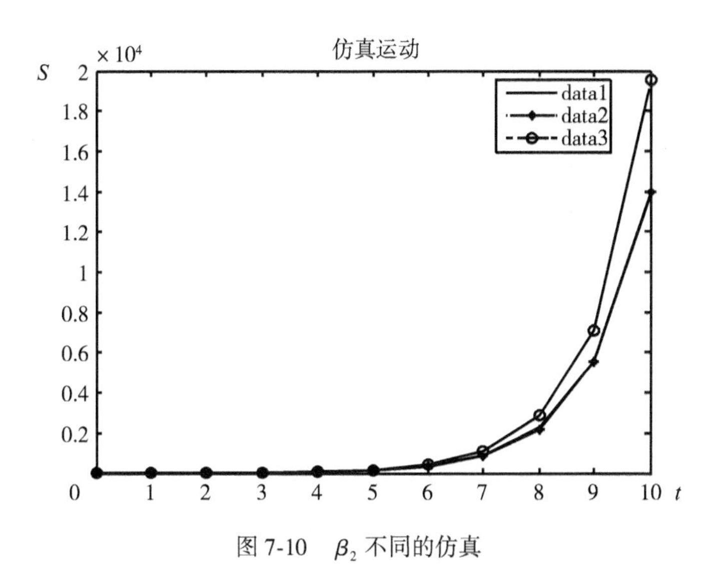

图 7-10　β_2 不同的仿真

7.5　结论及政策建议

7.5.1　结论

将市场机制和市场机制+公共财政机制的仿真图形进行比较，可以得到以下结论：时间 t 对碳汇存量的影响方向在两情况下是一致的，但影响程度不一致，短期内市场机制对碳汇存量产生的影响大，在中长期市场机制+公共财政对碳汇存量的影响大。σ 的变化不影响碳汇存量的变化。ε 、α_2、β_2 的变化会影响碳汇存量的变化，但具体的影响方向不明确或者不固定。具体的比较见表 7-4。

表 7-4 **市场机制与市场机制+公共财政机制的仿真图的比较**

要素	对 $s(t)$ 的影响		
	市场机制	市场机制+公共财政	影响的程度
t	$t\uparrow, s(t)\uparrow$	$t\uparrow, s(t)\uparrow$	在短期内市场机制大 在中长期市场机制+公共财政影响大
σ	不影响	不影响	—
ε	$\varepsilon\uparrow, s(t)\downarrow$	不明确	—
α_2	不明确	$\alpha_2\uparrow, s(t)\downarrow$	—
β_2	不明确	$\beta_2\uparrow, s(t)\downarrow$	—

7.5.2 政策建议

1. 努力构建市场机制+公共财政的碳汇价值实现机制

从长期而言，市场机制+公共财政补贴的林业碳汇价值实现机制相对来说能更好地实现林业碳汇价值的机制。所以目前以碳汇市场为主实现碳汇的价值，同时要努力推进碳汇林的生态价值的补贴，最好将对碳汇林业的生态补贴纳入国家统一的生态公共财政补贴机制中。当然，如果能通过市场机制对生态效益进行补偿也是期望的。

2. 做好风险控制，促进林业碳汇价值的实现

影响林业碳汇的价值实现机制的因素在不同的发展阶段、不同的环境下不尽相同，因此需要根据各个不同阶段的情况，采取相应的措施。

但无论处于哪个阶段，在碳汇林业的发展过程中做好风险控制，积极应对才是应有的态度，特别是在林业碳汇价值实现机制发展的初期阶段，各个因素的影响作用还没有发挥作用的时候，更应该做好准备。

8 结论及政策建议

8.1 结论

本书从复杂适应性系统视角及博弈论视角研究林业碳汇价值实现机制，力求探析该机制运转中存在的问题，寻求解决途径。概括而言，本书研究的主要结论如下。

第一，林业碳汇的价值实现状况，从全球而言是林业碳汇市场中自愿减排碳市场占主导，交易额逐渐上升，其中 REDD+碳汇逐渐增多，但是碳汇在减缓与适应气候变化中所占的比例还非常有限，碳汇的价格相对于减排而言较低。我国碳汇市场发展较快，但规模较小，项目数量及碳汇交易的额度还相当有限。这是通过对国内外林业碳汇价值实现状况的分析和比较得出的结论。另外从典型案例分析得出林业碳汇价值实现机制尚不统一，主要表现在可交易的碳汇的标准尚不统一，碳汇生产及交易流程的规范性等方面还有待完善。

第二，林业碳汇价值实现机制是一个复杂适应性系统。该系统的适应性主体是：监管主体、技术支撑体系主体、需求主体、供给主体、交易平台主体。这些主体构成复杂适应性系统的 3 个层次，第一层次是各主体构成的子系统；第二层次是需求系统、供给系统、交易平台系统；第三层次是碳汇价值实现机制的整体系统。这是通过归纳总结国际及国家层面林业碳汇价值实现的相关管理流程及规章制度，根据复杂适应性系统的概念及特点分析得出的。

第三，碳汇价值实现的市场机制。从需求系统的角度看需要采取抵消机制+非抵消机制的混合机制来实施；从供给系统的角度看需要统一的技术支撑体系+保险机制来进行；从国家间博弈的角度看，发达国家“自下而上”“自主贡献”决定碳减排的额度和措施，发展中国家根据国情自主决定减排措施；这些均衡策略是期望的稳定均衡状态。这些结论是通过构造国际碳排放演化博弈模型、国内林业碳汇需求系统演化博弈模型和国内林业碳汇供给系统演化模型，从复杂适应性系统发展过程进行分析得到的。

第四，林业碳汇的最优目标控制。在追求林业收入最大化、省区碳汇效益最大化、减缓与适应气候变化最大化的情况下，除时间 t 及随机扰动因素 σ 对碳汇存量有相同的影响之外，其余的因素比如单位成本因子、价格因子等因环境不同所起的作用不尽相同。这些结论是依据林业碳汇的价值实现机制，以林业收入最大化、省区碳汇效益最大化、减缓与适应气候变化效用最大化为目标函数，采用随机微分博弈模型分析、进行仿真，对仿真结果进行比较得到的。

第五，从整体看，市场机制+公共财政机制(生态效益补偿)是较为理想的碳汇价值实现机制。该结论是在假定林业碳汇市场有统一的技术支撑体系+保险机制，林业碳汇市场里的碳汇由抵消机制和非抵消机制的情况下，通过建立市场机制以及市场机制+公共共财政机制两种机制的进化博弈模型，然后通过仿真进行比较得出的。

8.2 政策建议

8.2.1 加强对林业碳汇的相关知识的普及宣传及教育

碳汇林业的发展不仅涉及国家层面的相关规定，涉及项目本身的一些程序及技术规定性，还涉及国际层面的技术、规则以及复杂的操作程序，不仅涉及环境问题，还涉及经济问题、政治问题等各个方面，所以不是简单的宣传就可以解决的。对于国际规则的了解和熟悉，是进行宣传的一个方面，也是个难点。在国际规则的相关知识中，CDM 是需要熟悉的，它是《京都议定书》中的灵活履约机制之一，林业 CDM 是发展中国家通过林业参与碳汇项目的唯一方式。熟悉林业碳汇知识不仅是发改委、科技部等中央监管部门的职责，省市各级部门也需要熟悉了解，社会大众也应该知晓。同样，各级政府相关部门、社会大众对于什么是 REDD+项目也应该熟悉与了解。减缓与适应气候变化是全球的大事，是国家的事，同社会大众也是分不开的。

在宣传的方式上，一方面可以鼓励林业部门和林业碳汇相关部门开展研讨会、培训会进行专业的宣传。这些宣传着重于专业的技术、程序与方法，比如 CDM 项目试点方案、REDD+试点方案等相关内容的宣传与培训，让有能力、有愿望参与林业碳汇项目的相关方认识该项目，知道如何从事该项目，进而积极主动地参与，这将有利于促进林业碳汇价值实现机制的发展，这是相关专业或领域方面的宣传，涉及的人员是少数。另一方面，在消费领域通过有层次的，多方位的宣传使得人们认识减少 CO_2 的排放、增加碳汇的重要性，引导消费者增加对碳汇的需求。此外就是通过教育宣传。解决环境问题、发展碳汇项目是一个长期而艰巨的任务，需要众多人长期的参与，不仅仅是生产领域、消费领域，还需要消费习惯或者意识的改变，这需要从教育入手。可以考虑从中小学教育抓起，在中小学的相关教科书中增加林业碳汇的相关知识，如对水、能源等资源的认识一样，让社会大众从小就形成节约用水、保护环境的意识，增加造林营林增汇的知识。通过这种教育，全方位地改变人们对于林业碳汇的认识、偏好，最终改变社会以及全球对林业碳汇的偏好，最终有利于林业碳汇价值的实现。

8.2.2 积极推进碳汇林业的碳汇价值+生态效益价值的共同实施

林业碳汇为应对气候变化而生，从应对气候变化的角度而言，我国林业碳汇的市场化筹备工作从2005年开始筹备，2011年启动地方碳排放交易试点。在我国林业碳汇的价值通过市场来实现的程度还很小。从生态环境角度看，林业碳汇更多地具备了公益的属性，这和我国退耕还林还草制度以及生态林补偿制度有着异曲同工之妙。生态补偿制度是通过国家宏观调控的手段对自然资源产生的生态价值做出应有的补偿，世界各国对森林的生态补偿机制既有公共财政机制，又有市场化机制。

在我国进行生态公益林建设的资金来源的渠道主要是工程项目资金，这些资金是由中央财政以及地方财政投入的①。国家一直在倡导保护生态环境，对于生态公益林的建设也很重视，建设资金也在逐年增加，但是由于受到宏观经济发展水平的限制，也因林业的特殊属性，增加的建设资金非常有限，相对于生态林业的社会需求而言这部分财政资金只是“杯水车薪”，有限的资金供给与社会对生态林业资金需求而言存在一个巨大缺口，必须想办法尽量来填补。虽然我国的生态补贴机制中没有专门针对林业碳汇的，但林业碳汇是生态公益林的产品之一，所以应该考虑这种生态效益的补偿。建议在林业生态效益补偿基金或者专项经费中增加对林业碳汇的专项经费，或者在原有的林业效益补偿基金中增加经费的数量，把碳汇这种生态效益考虑进去。

除了公共财政补贴，也可以采用市场机制实现对生态效益的补偿，这是现在很多国家正在实施的一种机制，我国也在尝试。林业碳汇这种生态产品不应仅仅限于碳汇，可以尝试以碳汇为载体，加入该部分碳汇

---

① 其中中央投资主要包括：中央预算内林业基本建设经费、国家农业综合开发资金、中央财政林业专项经费及国家科技推广项目经费。地方各级配套的资金主要包括：地方各级政府安排的财政专项投资、省财政支农资金、省级项目工程经费、林业部门安排的育林基金、生态效益补偿基金。

所含有的林业所具有的防风固沙、水土保持等附加的生态功能的价值进行交易，即可搭配销售或者捆绑销售；当然在销售的时候，企业可以自行抉择，可以决定在购买碳汇减排量的同时选择性购买附加产品中的一种或者多种甚至全部。

林业碳汇的价值实现机制应该积极推进碳汇林业的碳汇价值和生态效益价值的共同实施，偏安于一隅是不健全和不完善的。这个推进的过程应该是国家和产业层面要考虑的问题，应该采用市场机制与公共财政机制共同来完成。纯粹的市场机制很难推进，这从前面的市场机制的实施情况中可以看出；纯粹的公共财政国家财政资金有限，这从历年的公共财政投入中可以看出。这两种碳汇价值实现的机制在不同的国家均有实施，结合我国的情况，一方面林权及土地流转市场不是很健全，国家的财政资金有限，所以采取两种措施共同来实施也是必要的。

8.2.3 对碳汇交易体系自身的完善

首先是林业碳汇项目交易技术支撑体系的建设与完善。与工业减排不同，林业碳汇项目的开发程序以及管理程序都比较复杂，具体表现为计量检测技术复杂、项目开发成本高、不确定风险大、项目周期长、额外性证明困难、林业碳汇定价困难等问题。碳汇项目的开发是交易的碳汇的来源，这些开发过程中存在的难题需要各级管理机构、项目实施单位在实践的过程中逐步加以解决，只有解决了这些问题，碳汇交易的体系才可能逐渐完善。

其一，这种体系和技术支撑体系关键之一是要有标准，最好是通用的国家标准。这些标准包括计量碳汇的标准，计量标准可以是碳汇估算模型，可以是相关参数的确定，也可以是专业的计量程序软件等，通过这些标准最终可以建立全国数据库，最终可以直接进行相关数据的查阅。有了这种数据库，不仅有助于提高项目计量与监测结果的精确性，降低监测成本和不确定性，也简化了流程，节约了时间。这些标准还包括造林的方法学和技术标准，对于已经发布的方法学和技术学加以完善；对于空缺的领域，需要加强研究来填补空白，比如对于城市森林、灌木林经营管理等方面的方法学等需要填补空白，对于如何扩展市场项目类型的方法需要新增。对于交易的产品也需要标准，目前碳汇产品的种类较多，应该进行统一规范，使产品能够标准化或者不同标准之间的产品之间能够按照一定的标准进行转化，这样便于参与抵消机制的交易或者便于定价与补偿。此外，交易流程的标准需要规范，需要整合抵消机制下的碳交易和非抵消机制下的碳汇交易的流程、监测以及核证认证等工作以及相关的标准，设计各类项目开发文件的模板，简化中间操作程序。

其二，交易平台的统一或者各个交易市场之间的流通。各个市场如果相互割据，不利于碳汇资源的流动，会使得市场的活力受到影响，因此统一的交易市场或者流通的交易市场对于碳汇价值实现也很重要。目前，我国已经筹备建立全国的碳汇交易平台，然后需要将这个交易平台完善。另外，不同交易市场之间应该可以进行衔接，就像证券市场主板市场、中小板市场、创业板市场之间可以存在一定的转市条件，激励各上市主体积极经营。对于林业碳汇，可以让自愿市场与强制市场有一个衔接的接口；可以将各个子市场进行整合或者将它们放在同一个平台或体系内进行，或者是形成一个能够相互转化的接口，比如自愿市场中的林业碳汇是否可以与强制市场进行转换衔接，如何转化衔接，REDD+项目的碳汇与其他林业碳汇市场是否可以转换衔接，如何转换衔接等。再另外就是加强有关林业碳汇的网站建设。

其三，将减排与碳汇有机结合起来。在碳市场中给予碳汇的抵消额度可以适当增加，甚至可以无上限。让减排与碳汇充分竞争，直至工业减排有实质性地突破或者碳捕捉技术能得到大面积的实际使用，到那时的碳汇可能主要是以非抵消的碳汇形式存在了。但由于人们长时间对碳汇的认同及生态环保气候变暖问题的深入理解和认识，环保意识已经得到加强，这时候再以其他的形式，比如碳足迹等方式来消费碳汇也已经具备了基础和条件，所以碳汇的消费群体依然可以大规模存在，碳汇的价值可以持续的实现。

其四，林权的改革问题。如果产权清晰、明确，那么就有利于产权的流转。我国的非公有制林业产权明晰、经营灵活，但国有及集体林区还存在不少弊端，需要进行林权制度改革以进一步激活林业生产的微观主体的积极性。在进行林地产权制度安排时，总体上应按照“明晰所有权，放活经营权，确保收益权，落实处置权”的原则进行。国有林区的林权安排分为林地产权和森林、林木产权两部分，所以在处置这些产权的时候工作会复杂些。在进行公有林地的产权改革时应强化林地所有权，应该按照我国《森林法》坚持林地国家所有，在这个前提下或者基础上，政府可以通过其林地所有权进行重新配置的方式获得所有权的经济价值。对于林地的经营权应该放活，本着公平、公正、公开、透明的原则，可以通过对其进行拍卖、承包、租赁、入股、合资和合作等方式来实现林业经营主体的多样化、经营方式的多样化。林地的收益权根据各主体的投入或者事先的协议或者合同进行，林地所有权和收益权应该相均衡，成本与收益也应对应，只有确保收益权，林地的流转或者林业的经营才能有效进行。落实处置权是确保林业收益权的重要保障之一。应该说“明晰所有权，放活经营权，确保收益权，落实处置权”是相辅相成的，我国的公有林业产权改革本着这个原则还在进行过程中，只要能够真正落实完成林权改革，那么对于林业的发展、林业碳汇的价值实现是具有促进作用的，因为这种改革能促进微观主体的生产经营积极性，释放生产力。

对碳汇交易体系自身的完善，虽然需要国家政策等方面的支持，也与碳汇相关企业的积极参与相关，但主要的推动者及实施者还是以林业局为首的相关机构及部门等，这是从国内层面而言的。另一方面，从国际层面而言，目前既然已经形成了林业 CDM 碳汇项目相关规则及 REDD+框架，则须进一步完善相关规则、技术、制度，解决制度及技术中存在的问题。

8.2.4 对可造林地区的合理规划协调及对 REDD+项目的大力发展

虽然我国地域辽阔，国土面积大，但是国土面积是一定的，可开发利用的土地面积更是有限，所以用于可造林地区的面积是非常有限的，目前我国的人工林造林面积已经位居世界首位①；另一方面，各区域森林经营不均衡②。所以在发展碳汇项目时，一方面要对可造林地区进行合理规划协调，另一方面需要对已有造林地区进行有效的森林经营管理以及采取减少毁林等措施，增加碳汇及保护生物多样性。

1. 对可造林地区的合理协调规划

在对造林地区进行规划时，应本着这样的原则，一是要根据各区域的自然地理条件、人为活动、经济发展和自然灾害等综合情况，从国家宏观角度加以规划造林区域及制定相应的标准。我国森林资源分布较少的地区主要位于内蒙古的中西部、西北地区以及西藏的大部分地区，另外还有华北地区、黄河下游地区、长江下游地区以及中原地区。这些区域可以考虑作为可造林地区的可选区域，但是这些地区的气候条件特殊、地质条件特别，要在这些地区造林需要因地制宜的造林方法学以及

---

① 我国活立木总蓄积 164.33 亿立方米。其中，森林蓄积 151.37 亿立方米；我国天然林面积 1.22 亿公顷，蓄积 122.96 亿立方米；我国人工林面积为 0.69 亿公顷，蓄积 24.83 亿立方米。我国森林面积和森林蓄积分别位居世界第 5 位和第 6 位，其中，人工林面积更是雄踞世界首位。中共中央国务院《关于加快林业发展的决定》明确指出，我国要大力增加森林碳汇，力争在 2020 年使我国森林覆盖率达到 23%、并且实现在 2050 年达到并稳定在 26%以上的发展目标。即便这样能用于造林的地区还是非常有限的。

② 中国第七次森林资源清查资源表明，东北的大、小兴安岭和长白山，西南的川西、川南、云南大部、藏东南，东南、华南低山丘陵区，以及西北的秦岭、天山、阿尔泰山、祁连山、青海东南部等区域森林资源分布相对集中；而地域辽阔的西北地区、内蒙古中西部、西藏大部，以及人口稠密经济发达的华北、中原及长江、黄河下游地区，森林资源分布较少。

造林技术，因此需要林业部门等相关专业机构、组织努力做好造林的方法学等工作以及技术的指导，否则容易导致造林失败，造成人力、财力、时间等资源的大量浪费。

二是要根据各区域的造林目标来确定碳汇造林项目。具体如下，其一，在具体确定碳汇造林项目时，不仅要考虑本区域的地理地貌、经济发展及人为活动等情况，更要对土地的碳平衡进行调查和规划。土地是人类一切活动的载体，土地利用结构的状况对大气的碳平衡产生直接的影响。所以各地区在进行造林目标的规划选择时，需调查土地的碳平衡状况。土地的不同用途产生不同的碳源或者碳汇。其中建设用地、工业用地、服务业用地等一般是碳源用地，林业用地、农业用地是碳汇用地；另外在不同区域的用一种用地，其碳源或碳汇的能力是不一样的。所以需用统计调查然后分析，各地区的土地碳平衡情况，来进行合理调整土地利用结构、优化土地资源配置，控制碳排放和改善碳失衡的状况。具体可以先对土地碳排放的总量进行测算，在此基础上进行土地节约集约利用的考虑。也可以通过对土地承载碳排放效应进行分析，然后来调整控制土地结构来达到控制碳排放的目标。这种结构的调整比如说可以通过增加保护林地、草地、牧草地等碳排放强度低且综合效益高的用地类型，减少建设用地等碳排放强度大的用地类型来进行。

以武汉城市圈为例，武汉城市圈的造林地的规划应该促进土地的低碳利用，在规划时候应以城市圈整体效益最大化为目标，将经济增长与保护环境相结合，考虑土地的碳排放潜力，进行科学合理的规划。武汉城市圈各市区的低碳土地节约集约利用水平如何呢？总体来说城市圈内各地区水平差异较大，通过实证分析得出评价结果最高的地区是咸宁市、仙桃市、天门市、潜江市，评价结果最差的地区是黄冈市、武汉市、黄石市。经过分析可知，低碳土地节约集约利用水平如何主要与生态环境及社会发展有关，它们之间一般呈现出正相关的关系，低碳土地节约集约利用的水平与经济发展水平无关；武汉市是武汉城市圈的中心城市，具有较好的经济基础，黄石市是武汉城市圈的副中心城市，其经济发展基础也较好，但是这些城市粗放型的经济增长方式对自然环境造成了较严重的破坏，自然对其低碳土地的节约集约利用的水平评价不高，可见武汉城市圈在实现区域互动协调以有效利用地区优势上面还需要加强。因此武汉城市圈造林地需要合理规划，要考虑各地区的低碳土地节约集约利用。

以湖南省为例，湖南省应综合考虑土地的碳储存，以及土地碳排放利用效率等因素，合理选择碳汇造林地区。湖南省的土地碳储量如何，可以"根据 IPCC 给出的碳排放清单，从能源消费、农业、废弃物 3 方面系统测算湖南省历年土地利用碳排放总量"。湖南省的土地碳排放情况如何？通过搜寻湖南省的投入与产出数据，以投入、产出为基础构建土地利用的碳排放效率评价指标体系，然后利用 Malmuist 生产效率指数模型对湖南省土地利用碳排放效率时序演变特征进行实证分析，"结果显示，湖南省土地利用碳排放增速较快，能源消费是土地利用碳排放的主要来源，其次是畜牧业、种植业和废弃物"。为了合理控制碳排放，湖南省在进行土地规划、造林地的规划时候，应该考虑能源用地、畜牧业用地等的调控。

其二，在具体确定碳汇造林时，还要考虑经济林、生态林、农牧业等用地之间的协调，即对农林业用地内部的土地利用潜力之间平衡的考虑。林业产业之间虽然具有关联性，但是不是可以完全替代的，因此需要合理安排好经济林、生态林、农牧林的规划问题。一般认为，生态林的规划是首要的，比如国家天保工程等、防风固沙等工程，当然这些生态林业可以经营成碳汇林；然后农牧业用地是满足人们基本生活需要的，因此也是首要的；在此之后安排经济林、碳汇林用地的区域。当然这些用地之间本身是联动的，在满足前面所有的条件之后，在规划时候若有冲突的应该以生态林以及农牧业为先。

2. 大力发展 REDD+项目

基于 2007 年 UNFCCC 的《巴厘行动计划》制定的 REDD+行动，即发展中国家采取措施减少毁林引起的碳排放、减少森林退化引起的碳排放的减少，通过对森林管理的改善，更好地保护森林等措施提高森林碳储量的碳汇功能的项目，成为后续 UNFCCC 各缔约方会议历次讨论的主要议题。REDD+行动在气候、社区和生物多样性等方面的多重效益充分体现了 REDD+项目对于各国应对气候变化的意义。

根据我国现有森林资源的分布状况以及我国雄踞全球榜首的人工林面积的实际情况，我国可大力发展 REDD+项目。按照我国森林资源的集中分布程度，我国可以考虑选择这些地区为大力发展 REDD+项目的地区，具体是：在东北主要考虑大、小兴安岭以及长白山地区，在西南地区可以考虑川西、川南、云南大部分地区以及藏东南地区，在东南、华南地区主要考虑低山丘陵区，在西北地区主要考虑秦岭及天山地区、阿尔泰山地区、祁连山地区以及青海东南部等区域。因为森林资源在这些地区比较集中，有利于实现森林生产经营管理的规模效益，可以降低管理的成本，同时也有利于提高管理的效率，减少毁林及破毁森林的发生频率。这些林业资源集中的地方，具有开展 REDD+项目或行动的有利条件，也需要开展有效的经营管理。

具有进行 REDD+项目的林业资源只是进行 REDD+行动的一个方面，另一方面需要推出 REDD+项目的相关技术、规范，目前国际上关于 REDD+项目的标准及规则、技术还需要完善，国内也需要加紧研究。不仅要规范 REDD+项目的相关流程规则，还需要将其与林业 CDM 项目进行有效的衔接，以便于能够形成一个流通的市场，而不是各自为政的分割局面。

8.2.5 与保险金融等行业的协同创新

1. 金融行业的协同创新

林业碳汇在实现其价值时，除交易系统本身的完善之外，与其他行业的协同创新也非常重要。其中比较重要的是与金融、保险等行业的协同创新并得到其支持，因为资金不足是林业碳汇发展中的瓶颈制之一。这种协同创新首先体现在碳金融产品的创新方面。因为林业碳汇在交易时或在筹措资金发展碳汇林业项目时可以有不同的碳金融产品促其完成，综合而言可以考虑以下碳金融产品。

其一是碳汇林业债券。债券的发行一般需要抵押或担保，该债券是以未来林业碳汇的收益权为抵押来发行的，按照林业碳汇的投资回收期合理的设计债券的期限、票面利率，根据抵押品的预期收益情况确定合理的融资规模。林业碳汇债券属于具有法律效力的金融契约，发行主体必须按照承诺的利率及期限对投资者还本付息。发行林业碳汇抵押债券融入的资金将用于支持林业碳汇的发展，具体用途不固定。

其二是碳汇期货、期权交易。期货、期权交易是指签订合约之后，在未来一段时间进行交割。在林业碳汇的发展过程中，通过对碳汇林业产品的交易形式进行期货、期权交易形式的开拓，就可以把将来产品的销售收入提前募集来进行林业碳汇项目的开展，解决林业碳汇发展过程中的资金短缺问题。那么如何设计这些产品呢？以林业碳汇期货为例，林业碳汇期货是一种标准化合约，合约的标的是林业碳汇，进行期货产品的设计时候，把交易的标的设计成经过认证的林业碳汇量，或者设计成林业碳汇金融工具；交割的期限可以设计成一周、一个季度或一年。另外在设计这些林业碳权金融产品时候，建议参照国际碳期货交易通行的做法，在设计的原则及基本制度方面与国际保持一致，比如国际碳期货交易以 $1000tCO_2$/手，我们也可以考虑以这个规定为标准进行设计。因为林业碳汇是具有全球性交易的条件的，现在在进行设计的时候参考国际标准就可以为后期参与国际市场准备条件。

其三是林业碳汇储蓄。储蓄就是将闲置的资源存放于中介机构。林业碳汇储蓄是指可以将那些闲置的碳汇存储到商业银行或者碳交易中介。商业银行或者碳交易中介可以考虑设计这样的“存碳业务”，与货币的存储业务类似。进行碳汇储存的林业碳汇参与者因为碳存储可以获得一张“碳汇存单”，银行或者中介可以根据存储的时间考虑给以一定的“碳利息”作为收益。银行或者中介吸收的碳汇可以贷款的形式发放出去，或者进行资产证券化进行融资。当存碳方对碳权有需求时或者存储方需要资金的时候，可以凭存单将碳权取出，到市场进行交易获取需要的资金，这需要银行与碳权交易市场的业务的对接。另外，银行或者中介也可设计碳汇存单的转让制度来进行碳存储的流动以获取林业碳汇发展中需要的资金。

其四是绿色信贷。通过信贷的方式获取发展碳汇林业所需的资金，也是一种可行的融资方式。林业碳汇权的经济价值和可转让性使得其可以作为融资的担保，据此为担保向金融机构申请贷款，可称为绿色信贷。通过这种融资方式不仅可以给林业经营者提供资金，也使得金融机构参与了或者支持了林业碳汇的发展以及低碳经济的发展。但现实问题是我国林业碳汇权的经济价值和可转让性作为抵押的实践问题法律依据不足，对我国碳汇权融资的实践及法理进行分析后认为：林业碳汇权适宜以出质的方式设立担保，其法律规范的重点在于解决权利的客体范围界定、碳汇权价值评估及质权的公示与实现等问题。

将林业碳汇设计成不同的金融产品，可以增加碳汇的流动性，也增加了林业项目发展过程中融资的灵活性，但碳金融产品的设计、碳金融产品的交易等都需要相关部门进行审核，从产品设计到产品的交易也需要投入大量的资金，所以碳金融产品的发展离不开政策的支持与鼓励。

2. 保险行业的协同创新

林业碳汇价值实现机制离不开林业碳汇相关的保险机制。完善的林业碳汇相关保险制度可以转移或者分散林业这个行业本身具有的容易受到天灾人祸而造成的碳源释放而由生产经营管理主体独自承担的巨大风险。通常情况下，对林业碳汇相关保险机制的发展与完善，需要从5个方面进行。其一是在立法上的保障。不同于一般的商业保险，林业自身的特点导致林业碳汇保险需要国家来制定相关的法律法规来规范来支持森林保险的发展，世界上很多国家也是这么做的。如日本有森林火灾国营保险法，该法由议会专门通过，日本很重视森林保险，有专门的机构来进行监管，这个机构是森林火灾保险特别会。瑞典也对森林保险很重视，制定有《森林法》，该法是实施森林保险的重要法律依据，为了促进森林保险的发展，该法在不断地修改和完善；芬兰有《森林改良法》来促进森林保险的开展与完善。我国的森林保险处于发展早期的试点阶段，立法工作也处于萌芽时期，目前关于森林立法的法律规章制度只有一部《森林保险条款》，该条款是 1982 年颁布的，条款对森林保险作了简单的规定。森林保险的发展离不开专门的森林法律规范的支持，我国应该借鉴国外森林保险法规的相关规定，并充分利用已有的林业碳汇的试点经验以及相关专家对森林保险模式的相关研究，推进我国森林保险法的立法。

其二是林业碳汇等部门加快解决林业碳汇的专业技术问题，大力推进碳汇保险交易手续的简化。由于林业的专有性等特点，林业保险制度的制定仅仅依赖保险机构很难完成，所以在促进林业碳汇保险制度的制定方面，需要林业专家对专业上、技术上的问题加以指导推动。在这方面可以借鉴其他国家的一些做法，比如在日本，它的林业厅对林业保险制定提供了技术支持和便利服务，对森林保险的申请和索赔手续的简便起了很大作用，也间接地促进了森林保险成本的降低。对于瑞典的森林保险的顺利推出，林业部门做大的工作，主要是对林木标准化、林业技术规定作了明确的规定，这些专业问题的解决为森林保险产品的设计打下了基础，使得森林保险的开展有了统一的依据以及标准。因此，我国林业部门要积极地为保险制度的制定及完善提供服务，这也是我国林业保险能否顺利推进的重要技术问题。

其三是发展政策性保险与商业保险相结合的模式。对于具有公共性和外部性的森林资源而言，如果只有商业保险来保风险，一般情况下，商业保险机构是不愿意开展对森林的保险的，这就需要政策性保险一起来完成。因此政策性保险是推动森林保险业务的必要手段之一，实际上世界上很多国家都有国家政府对林业的政策性保险。例如在日本，它的森林保险金来自于总务省金融厅的资金，该资金是各地的林业厅直接收取后上缴到总务省金融厅的。在芬兰，它的森林保险金来自政府提供的基金补贴。在美国，为了促进森林保险的发展，林场主进行森林保护措施的成本大部分由政府来承担。我国的森林政策性保险模式的建立及开展，建议要考虑保险公司和林户的具体情况，针对林户的实际支付能力以及保险市场的一般规律合理制订保费，但与此同时也要注意发展林业碳汇的商业保险，探索商业保险与政策性保险相结合的方法方法。

其四是保险产品设计上的灵活性和市场性。与其他的保险市场类似，为了降低由于信息不对称出现的逆向选择以及道德风险问题，森林保险的保费也需要根据标的物的情况来具体确定，形成多级别的标准。不管是日本、北欧还是美国，森林保费的费率是有不同级别的，确定级别的依据是这些要素，即树种、林龄的不同，另外的因素就是森林或者林地所处的地理位置状况、自然环境状况、气候条件状况、交通情况等因素。确定好林地的保险的费率的级别之后再按照森林面积对不同级别的森林保险收取保险费，这也可以成为我国森林保险产品设计时候考虑的因素。

其五是推进森林保险与抵押贷款的结合。保单进行抵押贷款的市场本身就存在，将森林保险与抵押贷款相结合可以是顺理成章的事情。森林保单可以作为质押物，一方面可以对保单估值进行贷款；另一方面，经过保险的林地在作为抵押物到银行等金融机构进行抵押贷款时候，其风险更低，更容易获得金融机构的贷款，可以获得更加优惠的贷款条件。在美国，如果以森林资产作抵押品，银行等金融机构更愿意选择有保险的森林资产作为抵押品。森林保险可以降低抵押物风险，林权抵押市场的发展越好，林业碳汇的融资渠道就越畅，所以森林保险的开展是林业发展的重要契机，对保险行业的发展而言也是一个重大的发展机遇。林业保险与抵押贷款的结合，需要有可以抵押的产权，因此需要深化公有林权制度改革，使得我国林权抵押的主体明晰，另一方面，森林保险的推进，有利于林权抵押市场的发展。

碳金融产品及林业碳汇保险的发展需要保险金融机构等行业的协同创新，但这种创新是建立在林业碳汇行业的市场前景良好，林业碳汇的相关技术体系比较成熟完善等基础之上的，所以一方面要鼓励碳金融等相关产品的创新，另一方面要促进碳汇交易体系本身的完善，互相促进以完善林业碳汇的价值实现机制。

参考文献

[1]马友华，王桂苓，石润圭，黄文星，赵艳萍，孙兴旺，吴春蕾．低碳经济与农业可持续发展[J]．生态经济，2009(1)：116-118.

[2]余光英．中国碳汇林业可持续发展及博弈机制研究[D]．华中农业大学，2010.

[3]十二五规划纲要节选[J]．煤炭学报，2011(5)：866.

[4]张小全，武曙红，何英，侯振宏．森林、林业活动与温室气体的减排增汇[J]．林业科学，2005，41(6)：150-155.

[5]柯水发，潘晨光，温亚利，潘家华，郑艳．应对气候变化的中国林业行动及其对就业的影响分析[J]．中国人口资源与环境，2009，19：585-592.

[6]李红星．中国林业利益机制研究[D]．哈尔滨商业大学，2009：30-39.

[7]马维野，池玲燕．机制论[J]．科学学研究，1995，13(4)：2-3.

[8]North D C. Institutions，Institutional Change and Economic Performance [M]. 1990. New York：Cambridge University.

[9]王志忠．可持续发展的行为分析与制度安排[D]．南京农业大学，2004：54-55.

[10]市场机制，http：//baike. so. com/doc/5541153-5756819. html.

[11]公共财政机制，http：//baike. so. com/doc/688966-729223. html.

[12]生态补偿机制，http：//baike. so. com/doc/5579844-5793184. html.

[13]沈志军．加快现代林业发展，增强森林碳汇功能[J]．绿色中国，2010(3)．

[14]王琳飞，王国兵，沈玉娟，阮宏华．国际碳汇市场的补偿标准体系及我国林业碳汇项目实践进展[J]．南京林业大学学报(自然科学版)，2010(9)．

[15]陈伟．基于碳中和的中国林业碳汇交易市场研究[D]．北京林业大学，2014．

[16]李怒云，龚亚珍，章升东．林业碳汇项目的三重功能分析[J]．世界林业研究，2006(3)：1-3．

[17]华南植物园周博士：成熟森林可以持续吸储，http：//www.gzast.org.cn/n1116c63.aspx．

[18]森林生态系统管理与土壤可持续固碳能力，http：//www.csf.org.cn/html/zhuanlan/qnnh2010/dahuiteyaobaogao/2010/0906/3352.html．

[19]低碳纸业的未来，http：//gongyi.sina.com.cn．

[20]冯瑞芳，杨万勤，张健．人工林经营与全球变化减缓[J]．生态学报，2006，26(1)：3870-3877．

[21]低碳经济国内外研究进展，http：//www.anylw.com/article-233.html．

[22]何英，林学．森林固碳估算方法综述[J]．世界林业研究，2005(1)：22-25．

[23]赵林，殷鸣放，陈晓非等．森林碳汇研究的计量方法及研究现状综述[J]．西北林学院学报，2008，23(1)：59-62．

[24]高琛，黄龙生，刘甲午，郑素珊，周盈光．森林碳汇测量方法对比分析[J]．河北林业科技，2014(2)．

[25]杨海军．森林碳蓄积量估算方法及其应用分析[J]．地球信息科学，2007(4)：5-12．

[26]王兵，郭浩，王燕，马向前，李少宁，陈涛，常伟明．森林生态系统健康评估研究进展[J]．中国水土保持科学，2007(3)：

114-121.

[27]张小全，陈幸良．中国实施清洁发展机制(CDM)碳汇项目的可行性和潜力[J]．林业工作研究，2003(12)：1-7.

[28]刘伟平，戴永务．碳排放权交易在中国的研究进展[J]．林业经济问题，2004(4)：193-197.

[29]唐晓川，孙玉军，王绍强，杨风亭．我国南方红壤区 CDM 造林再造林项目实证研究——以千烟洲生态试验站为例[J]．自然资源学报，2009，24(8)：1478-1486.

[30]方阳阳，王凤杰，兰鹏．基于无线传感器网络的森林碳汇地面监测系统的设计[J]．山东农业科学，2015(1)：115-118.

[31]刘伟平，戴永务．碳排放权交易在中国的研究进展[J]．林业经济问题，2004(4)：193-197.

[32]马翠萍，史丹．开放经济下单边碳减排措施加剧全球碳排放吗——对碳泄漏问题的一个综述[J]．国际经贸探索，2014(5)：4-7.

[33]马贵珍．清洁发展机制下开展我国林业碳汇项目的探讨[J]．西南林学院学报，2008(4)：20-23.

[34]雪明，武曙红，程书强．我国 REDD+行动的测量、报告和核查体系[J]．林业科学，2012(3).

[35]郗婷婷．REDD+机制参与碳交易的理论研究及路径设计[D]．东北林业大学，2014.

[36]黄颖利，黄萍，李爱琴．REDD+机制在中国扩大发展途径研究——基于菲律宾的案例分析[J]．生态经济，2012(3).

[37]盛济川，周慧，苗壮．REDD+机制下中国森林碳减排区域影响因素研究[J]．中国人口资源与环境，2015(11).

[38]何桂梅，张峰，于海群，陈峻崎，周彩贤．REDD+机制对中国林业可持续发展促进作用的探讨——基于北京林业碳汇发展的案例分析[J]．林业资源管理，2014(11).

[39]盛济川，吴优．发展中五国森林减排政策的比较研究——基于结构变量“REDD+机制”政策评估方法[J]．中国软科学，2012(9)．

[40]车琛．我国林业碳汇市场森林管理项目的潜力研究[D]．北京林业大学，2015.

[41]崔大鹏．国际气候合作的政治经济学分析[M]．北京：商务印书馆，2005.

[42]李海涛，许学工，刘文政．国际碳减排活动中的利益博弈和中国策略的思考[J]．中国人口资源与环境，2006(5)：97-98.

[43]余光英，祁春节．国际碳减排利益格局：合作及其博弈机制分析[J]．中国人口资源与环境，2010(5)：18-20.

[44]Smith K P，Swisher J，D R Ahuja. Who pays (to solve the problem and how much)? Economic and North-South Politics in the Climate Change Convention [M]. London: United Nations University Press，1993.

[45]Janssen M A，Rotmans J. Allocation of fossil CO_2-emmission rights quantifying cultural perspectives [J]. Ecological Economics，1995，13：65-79.

[46]程纪华．中国省域碳排放总量控制目标分解研究[J]．中国人口资源与环境，2016(1)：23-24.

[47]陈勇，王济干，张婕．区域电力碳排放权初始分配模型[J]．科技管理研究，2016(1)：229-230.

[48]Hahn R. Market power and transferable property rights [J]. Quarterly Journal of Economics 1984，99：753-765.

[49]Sartzetakis E. On the efficiency of competitive markets for emission permits [J]. Environmental and Resource Economics，2004，27：1-19.

[50]Varian H. A solution to the problem of externalities When Agents Are Well-Informed [J]. In American Economic Review 1994，84 (12)：

1278-1293.
[51] 曹开东．中国林业碳汇市场融资机制研究[D]．北京林业大学，2008.
[52] 张伟伟，张宇．发达国家低碳投融资机制研究[J]．当代经济研究，2013(7).
[53] 李彧挥，孙娟，高晓屹．影响林农对林业保险需求的因素分析——基于福建省永安林农调查的实证研究[J]．管理世界，2007(11).
[54] 秦国伟，罗龙兵，芦洁，卫夏青．林改中农户参与林业保险的意愿研究——以江西省宜春市为例[J]．林业经济问题，2010(4).
[55] 张丹，程雯珺．企业碳排放权不同交易目的下的会计计量研究[J]．现代经济信息，2015(12)：250.
[56] 严成樑，李涛，兰伟．金融发展、创新与二氧化碳排放[J]．金融研究，2016(1)：14-15.
[57] 龚亚珍，李怒云．中国林业碳汇项目的需求分析及设计思路[J]．林业经济，2006(6)：36-49.
[58] 廖玫，戴嘉．国际碳排放贸易的市场格局及其准入条件研究[J]．财贸研究，2008，19(1)：74.
[59] 常瑞英，唐海萍．碳贸易中碳价格计算的土地机会成本模型评述及实例分析[J]．资源科学，2007，29(3)：17-22.
[60] 贺菊煌，沈可挺，徐篙龄．碳税与二氧化碳减排的 CGE 模型[J]．数量经济技术经济研究，2002(10)：39-47.
[61] 王金南，严刚，姜克隽等．应对气候变化的中国碳税政策研究[J]．中国环境科学，2009，29(1)：101-105.
[62] 朱永彬，刘晓，王铮．碳税政策的减排效果及其对我国经济的影响分析[J]．中国软科学，2010(4)：1-9，87.
[63] Stainback G A, Alavalapati J R R. Economic analysis of slash pine forest carbon sequestration in the southern U. S[J]. Journal of Forest

Economics, 2002, 8: 105-117.

[64]沈月琴，曾程，王成军，朱臻，冯娜娜．碳汇补贴和碳税政策对林业经济的影响研究——基于 CGE 的分析[J]. 自然资源学报，2015，30(4)：560-568.

[65]张颖．安全平台支撑体系及其模型的研究[D]. 北京交通大学，2008.

[66]戴汝为．智能控制系统[J]. 模式识别与人工智能，1990(3).

[67]顾志农．博弈论在发电侧电力市场中的应用研究[D]. 上海交通大学，2001.

[68]经济博弈论，http://doc.mbalib.com/view/ccde3f923e8a448948ca642e595833c1.html.

[69] http://jpkc.sysu.edu.cn/2007/zjwgjjx/ppt/Class_Review9.ppt#256, 1, Review Class Nine.

[70]蒋鹏飞．合作博弈解及其应用研究[D]. 山东大学，2007.

[71]史玉成．生态补偿的理论蕴涵与制度安排，http://www.civillaw.com.cn/article/default.asp? id=49395.

[72]沈满洪，何灵巧．外部性的分类及外部性理论的演化[J]. 浙江大学学报(人文社会科学版)，2002(1)：158-161.

[73]沈满洪，何灵巧．外部性的分类及外部性理论的演化[J]. 浙江大学学报(人文社会科学版)，2002(1)：152-157.

[74]外部效应，http://zykc.crup.cn/Public Economics/Show Article.asp? Article ID=3594.

[75] State of the Forest Carbon Markets 2014, State of the Forest Carbon Markets 2013.

[76]何桂梅，张玉梅，陈操操．关于推进我国林业碳汇交易发展的思考[J]. 林业经济，2015(7)：87-88，86-93.

[77]黄颖利，秦会艳，张海涛．韩国森林碳汇补偿项目分析[J]. 资源开发与市场，2013(4)：393-396.

[78]陆霁，张颖，李怒云．林业碳汇交易可借鉴的国际经验[J]．中国人口资源与环境，2013(12)：24-25.

[79]吴秀丽，曾以禹，章升东，吴柏海，张国斌．新西兰林业参与国家碳排放交易计划政策设计与实施效果分析[J]．林业经济，2013(11)：37-44.

[80]陈峻崎，何桂梅，张峰．新西兰、澳大利亚林业碳汇考察报告[J]．绿化与生活，2015(9)：53-55.

[81]明辉，漆雁斌，李阳明，于伟咏．林农有参与林业碳汇项目的意愿吗——以CDM林业碳汇试点项目为例[J]．农业技术经济，2015(7)：102-113.

[82]铁铮．讲述中国故事，传播林业声音——联合国利马气候大会上讲中国林业碳汇故事[J]．绿色中国，2015(1)：27-29.

[83]李怒云，袁金鸿．林业碳汇自愿交易的中国样本——创建碳汇交易体系实现生态产品货币化[J]．林业资源管理，2015(5)：1-7.

[84]郑爽，刘海燕，王际杰．全国七省市碳交易试点进展总结[J]．中国能源，2015(9)：11-13.

[85]崔丽娟，黄凤，贾利．黑龙江省潜在林业碳汇金融产品设计及实现对策[J]．林业资源管理，2015(10)：13-17.

[86]陆霁．国内外林业碳汇产权比较研究[J]．林业经济，2014(2)：45-47.

[87]王倩，曹玉坤．国外林业碳汇项目激励机制研究综述[J]．世界林业研究，2015(10)：10-13.

[88]陈继红，宋维明．中国CDM林业碳汇项目的评价指标体系[J]．东北林业大学学报，2006，34(1)：87-88.

[89]孙丽英，李惠民，董文娟，石缎花，周大杰．在我国开展林业碳汇项目的利弊分析[J]．生态科学，2005，24(1)：42-45.

[90]余光英，员开奇．林业碳汇生产的激励机制研究——基于效率差异视角[J]．技术经济与管理研究，2013(4)：124-128.

[91]王倩，曹玉昆．国外林业碳汇项目激励机制研究综述[J]．世界林业研究，2015(10)：11-12.

[92]清洁发展机制给中国带来的发展与挑战，http：//www. wem. org. cn/news/view. asp? id=389&title.

[93]毛永波．CDM 问题的冷思考[J]．环境科学与管理，2008(10)：159-161.

[94]余光英．中国碳汇林业可持续发展及博弈机制研究[M]．北京：科学出版社，2011(8)：98-99.

[95]付玉．我国碳交易市场的建立[D]．南京林业大学，2007：22-30.

[96]周彩贤，张峰，于海群，陈峻崎，何桂梅．北京市林业碳汇交易项目开发实践[J]．林业经济，2015(2)：119.

[97]龙江英，吴乔明，李发新．气候变化下的林业碳汇解读与项目操作分析[J]．中国经贸导刊，2009(17)：73-74.

[98]造林和再造林清洁发展机制(CDM)项目规则，http：//zt. bjwmb. gov. cn/dtbjwxx/dtabc/t20100325_ 289538. htm.

[99]陈叙图．美国林业碳汇市场现状及发展趋势[J]．林业经济，2009(7)：76-79.

[100]林德荣．森林碳汇服务市场化研究[D]．中国林业科学院，2005：113-116.

[101]李爽．基于演化博弈的低碳经济行为研究[D]．吉林大学，2012：5.

[102]周旻，邓飞其．供应链上演化博弈的复制动态及演化稳定策略[J]．统计与决策，2007(4)：43-44.

[103]田中禾，孙权．集聚经济下产业集群内竞合行为的演化博弈——基于ESS 策略的复制者动态分析[J]．科技进步与对策，2012(3)：52-56.

[104]李守伟，杨玉波，李备友．产学研合作博弈演化渐进稳定性分析与计算实验研究——基于动态复制系统[J]．东岳论丛，2013

(4)：120-125.

[105]王济川，郭丽芳．抑制效益型团队合作中“搭便车”现象研究——基于演化博弈的复制者动态模型[J]．科技管理研究，2013(11)：192-196.

[106]蒋小翼．后京都时代国际气候政策走势分析及法律应对[J]．中国环境法治，2011(4)：66-70.

[107]徐文文．后京都时代国际气候制度[D]．华东政法大学，2008.

[108]刘雅倩．后京都国际气候变化法律方案研究——基于国际法规现实主义的视角[D]．中国海洋大学，2013-5.

[109]丁丽．后京都气候变化协议的构建研究[D]．山东科技大学，2010-5.

[110]陈迎．后京都时代国际气候制度的发展趋势[J]．国际技术经济研究，2005(7)：1-3.

[111]陆静．后京都时代碳金融发展的法律路径研究[J]．国际金融研究，2010(8)：34-40.

[112]孙法柏．后京都时代气候变化协议缔约国义务配置研究[J]．上东科技大学学报(社会科学版)，2009(10)：18-22.

[113]朱潜挺，吴静，洪海地，王铮．后京都时代全球碳排放权配额分配模拟研究[J]．环境科学学报，2014(7)：329-336.

[114]张友国．总量还是强度：碳减排目标之争[J]．学术研究，2015(9)：76-85.

[115]黄海峰，杜洁梅，曾诗鸿．后京都议定书时代碳期货定价模型探究——基于EU-ETS时序数据的实证分析[J]．管理现代化，2015(4)：108-110.

[116]崔连标，朱磊，范英．基于碳减排贡献原则的绿色气候基金分配研究[J]．中国人口资源与环境，2014(1)：28-34.

[117]庄贵阳．后京都时代国际气候治理与中国的战略选择[J]．世界经济与政治，2008(8)：6-7.

[118]王江. 中国在后京都时代的谈判立场与国际合作对策研究[J]. 经济论坛, 2009(5): 36-38.
[119]陈梁. 从《京东议定书》看全球气候问题中的集体行动困境[J]. 知识经济, 2015(2): 7-9.
[120]荆克迪, 安虎森, 田柳. 国际碳减排合作的博弈论分析[J]. 西南民族大学学报(人文社会科学版), 2014(6): 127-134.
[121]黄宗汇, 余剑. 林业碳汇项目的三重功能分析[J]. 绿色科技, 2015(11): 127.
[122]卢鹤立, 刘桂芳. REDD+集成评估模型构建与情景模拟[J]. 中国科学: 地球科学, 2014(7): 1588-1589.
[123]雪明, 武曙红, 安丽丹, 徐基良. REDD+议题的谈判进展与展望[J]. 生物多样性, 2013(5): 383-388.
[124]石华军. 欧洲、日本、丹麦碳排放交易市场的经验和启示[J]. 宏观经济管理, 2012(12): 78-80.
[125]钟锦文, 张晓盈. 美国碳排放交易体系的实践与启示[J]. 经济研究参考, 2011(28): 77.
[126]鲁旭. 国际碳关税理论机制与中国低碳经济发展[D]. 中共中央党校, 2014: 149-150.
[127]李丽娇. 国内外碳汇交易机制对我国省域林业碳汇补偿机制构建的启示[C]. 山地环境与生态文明建设——中国地理学会2013年学术年会·西南片区会议论文集, 2013(4).
[128]鲁旭. 国际碳关税理论机制与中国低碳经济发展[D]. 中共中央党校, 2014: 136.
[129]余光英, 高燕. 模仿视角下的林业碳汇生产的激励机制研究[J]. 中外企业家, 2013(1): 183-185.
[130]余光英. 试点情况下省域间碳汇量控制的合作随机微分博弈分析[J]. 湖北农业科学, 2016(4): 1080-1083.
[131]余光英. 试点情况下省域间碳汇量控制的非合作随机微分博弈分

析[J]. 农村经济与科技，2015(12)：69-71.

[132]王馨. 非 Lipschitz 条件下带跳的随机微分方程解的轨道唯一性和非爆炸性[D]. 北京理工大学，2015.

[133]郭冬梅，井帅，汪寿阳. 带跳的分数倒向重随机微分方程及相应的随机积分偏微分方程[J]. 中国科学数学，2014，44(1)：73.

[134]阎登勋. 带泊松跳的随机时滞发展方程的适定性、稳定性、整体吸引集和可控性[D]. 南京师范大学，2014.

[135]朱怀念，植璟涵，张成科，宾宁. 带 Markov 切换参数的线性二次零和随机微分博弈[J]. 系统科学与数学，2013(12)：1391.

[136]韩艳丽，高岩. 线性微分博弈系统的识别域判别[J]. 控制与决策，2015(7)：1329.

[137]朱伏波. Markov 切换随机系统的稳定性与镇定性研究[D]. 上海交通大学，2014.

[138]张微. 非耦合、弱耦合正倒向随机微分方程的高阶数值方法及误差估计[D]. 山东大学，2014.

[139]宗小峰. 随机微分方程的数值分析及随机稳定化[D]. 华中科技大学，2014.

[140]于伟. 一类非对称环境问题的随机微分博弈研究[D]. 天津大学，2011.

[141]魏立峰. 随机最优控制相关的 HJB 方程及弱解研究[D]. 山东大学，2009.

[142]朱怀念，张成科，李云龙，杨超. 一类不定仿线性二次型随机微分博弈的鞍点均衡策略[J]. 广东工业大学学报，2012(3)：35.

[143]BENCHEKROUN H, LONG N V. Efficiency-inducing taxation for polluting oligopolists[J]. Journal of Public Economics, 1998, 70: 325-342.

[144]RUBIO S J, ESCRICHE L. Strategic pigouvian taxation, stock externalities and polluting non-renewable resources[J]. Journal of

Public Economics, 2001, 79: 297-313.

[145] YANASE A. Dynamic games of environmental policy in a global economy: Taxes versus quotas[J]. Review of International Economics, 2007, 15(3): 592-611.

[146] GERMAIN M, STEENBERGHE V V. Constraining equitable allocations of tradable CO_2 emission quotas by acceptability [J]. Environmental and Resource Economics, 2003, 26: 469-492.

[147] BERNARD A, HAURIE A, VIELLE M, et al. A two-level dynamic game of carbon emission trading between Russia, China, and annex B countries[J]. Journal of Economic Dynamics & Control, 2008, 32: 1830-1856.

[148] RUBIO S, CASINO B. Self-enforcing international environmental agreements with a stock pollutant [J]. Spanish Economic Review, 2005, 7(2): 89-109.

[149] FERNANDEZ L. Trade's dynamic solutions to trans boundary pollution [J]. Journal of Environmental Economics and Management, 2002, 43(3): 386-411.

[150] 陈娟丽．我国林业碳汇存在的障碍及法律对策[J]．西北农林科技大学学报(社会科学版)，2015(5)：154-156.

[151] 李春波，文冰．基于 CDM 的国内外林业政策比较与分析[J]．林业调查规划，2009(6)：85-87.

[152] http：//tieba. baidu. com/f? kz=840175409.

[153] 曹开东．中国林业碳汇市场融资交易机制研究[D]．北京林业大学，2008：1.

[154] 周彩贤，张峰，于海群，陈峻崎，何佳梅．北京市林业碳汇交易项目开发实践[J]．林业经济，2015(2)：118-121.

[155] 余光英，员开奇．基于碳平衡适宜性评价的城市圈土地利用结构优化[J]．水土保持研究，2014(10)：180.

[156]余光英，员开奇．湖南省碳排放总量测算及土地承载碳排放效应分析[J]．资源开发与市场，2015(1)：56.

[157]余光英，员开奇．低碳经济视角下的城市圈土地节约集约利用评价研究——基于遗传算法的投影寻踪模型[J]．资源开发与市场，2014(12)：1484-1488.

[158]余光英，员开奇．湖南省土地利用碳排放动态效率研究：基于Malmquist 指数模型[J]．环境科学与技术，2015-02-15：189.

[159]余光英，员开奇．湖南省碳排放总量测算及土地承载碳排放效应分析[J]．资源开发与市场，2015(1)：15.

[160]雪明．中国 REDD+项目管理体系的构建[D]．北京林业大学，2014：2.

[161]蓝虹，朱迎，穆争社．论化解农村金融排斥的创新模式——林业碳汇交易引导资金回流农村的实证分析[J]．经济理论与经济观察，2013(4)：47-49.

[162]2009 年全国林业经济运行状况报告，国家林业局 http：//www.forestry. gov. cn.